Schriften
des Deutschen Ausschusses für den mathematischen u. naturwissenschaftlichen Unterricht

Nach Auflösung der Unterrichtskommission der Gesellschaft Deutscher Naturforscher und Ärzte haben sich 21 der angesehensten großen wissenschaftlichen und technischen Fach-Vereine und -Gesellschaften zur Einsetzung eines Deutschen Ausschusses für den mathematischen und naturwissenschaftlichen Unterricht vereinigt, dem die Aufgabe gestellt ist, die von jener Unterrichtskommission ausgearbeiteten Reformvorschläge zur Durchführung zu bringen und die von ihr nur kurz berührten Fragen weiter zu erörtern. Die Ergebnisse seiner Arbeiten legt der Deutsche Ausschuß in einer Folge von Schriften nieder, von denen bisher erschienen sind:

1. **Bericht über die Tätigkeit des Deutschen Ausschusses für den mathematischen und naturwissenschaftlichen Unterricht im Jahre 1908.** Erstattet von dem Vorsitzenden A. Gutzmer in Halle a. S. [14 S.] 1909. M. —.30.
2. **Mathematik und Naturwissenschaft an den neugeordneten höheren Mädchenschulen Preußens. Wie erhalten wir die erforderlichen Lehrkräfte?** Denkschrift, verfaßt vom Deutschen Ausschuß für den mathematischen und naturwissenschaftlichen Unterricht. [7 S.] 1909. M. —.20.
3. **Zusatz zu der obigen Denkschrift.** [4 S.] 1909. M. —.10.
4. **Pubertät und Schule.** Von Geh. Medizinalrat Professor Dr. A. Cramer, Direktor der Kgl. Universitätsklinik für psychische und Nervenkrankheiten in Göttingen. 2. Auflage. [21 S.] 1911. M. —.60.
5. **Über die Notwendigkeit der Errichtung einer Zentralanstalt für den naturwissenschaftlichen Unterricht.** Von F. Poske, Professor am Askanischen Gymnasium zu Berlin. [20 S.] 1910. M. —.60.
6. **Bericht über die Tätigkeit des Deutschen Ausschusses im Jahre 1909.** Von dem Vorsitzenden A. Gutzmer in Halle a. S. [12 S.] 1910. M. —.40.
7. **Über Notwendigkeit der Ausbildung der Lehrer in Gesundheitspflege.** Von Dr. G. Leubuscher, Geh. Med.-Rat in Meiningen. [14 S.] 1911. M. —.50.
8. **Welche Mittelschulvorbildung ist für das Studium der Medizin wünschenswert?** Von Dr. Friedrich von Müller, Professor der Medizin in München. [13 S.] gr. 8. 1911. M. —.50.
9. **Bericht über die Tätigkeit des Deutschen Ausschusses im Jahre 1910.** Von Oberlehrer Dr. W. Lietzmann in Barmen. [26 S.] gr. 8. 1911. M. —.50.
10. **Aktuelle Probleme der Lehrerbildung.** Vortrag auf der Versammlung des Vereins zur Förderung des mathematischen und naturwissenschaftlichen Unterrichts am 6. Juni 1911 zu Münster gehalten von Geh. Regierungsrat Dr. F. Klein, Professor an der Universität Göttingen. Mit verschiedenen Anlagen. [IV u. 32 S.] gr. 8. 1911. M. 1.20.
11. **Grundsätzliches zur Volksschullehrerbildung.** Von Schulrat K. Muthesius. [IV u. 72 S.] gr. 8. 1911. M. 1.80.
12. **Die Naturwissenschaften und die Fortbildungsschulen.** Von Professor H. E. Timerding in Braunschweig. gr. 8. 1911.

Springer Fachmedien Wiesbaden GmbH

SCHRIFTEN DES DEUTSCHEN AUSSCHUSSES
FÜR DEN MATHEMATISCHEN UND NATURWISSENSCHAFTLICHEN
UNTERRICHT
===== HEFT 12 =====

DIE NATURWISSENSCHAFTEN UND DIE FORTBILDUNGSSCHULEN

DENKSCHRIFT

IM AUFTRAGE DES DEUTSCHEN AUSSCHUSSES FÜR DEN
MATHEMATISCHEN UND NATURWISSENSCHAFTLICHEN UNTERRICHT

UNTER MITWIRKUNG DER HERREN

GEH. MEDIZINALRAT PROF. DR. CRAMER IN GÖTTINGEN,
GEH. REGIERUNGSRAT DR. KERP IN BERLIN, PROF. DR.
K. KRAEPELIN IN HAMBURG, PROF. DR. POSKE IN BERLIN,
SCHULRAT PROF. DR. THOMAE IN HAMBURG, GEH. BERG-
RAT PROF. DR. WAHNSCHAFFE IN BERLIN

AUSGEARBEITET VON

H. E. TIMERDING

PROFESSOR AN DER TECHNISCHEN HOCHSCHULE
IN BRAUNSCHWEIG

Springer Fachmedien Wiesbaden GmbH
1911

ISBN 978-3-663-15518-8 ISBN 978-3-663-16090-8 (eBook)
DOI 10.1007/978-3-663-16090-8

ALLE RECHTE, EINSCHLIESSLICH DES ÜBERSETZUNGSRECHTS, VORBEHALTEN.

Vorwort.

Angesichts der rasch fortschreitenden Entwicklung der Fortbildungsschulen in Deutschland hielt es der Deutsche Ausschuß für den mathematischen und naturwissenschaftlichen Unterricht für seine Pflicht, als der Vertreter der mathematischen, naturwissenschaftlichen und medizinischen Gesellschaften Deutschlands sich darüber zu äußern, welche Dienste nach seiner Überzeugung die mathematischen und naturwissenschaftlichen Fächer bei dem Unterricht an den Fortbildungsschulen leisten können und welche Bedeutung ihnen hierbei zukommt.

Es wurde daher in der Sitzung am 22. April 1911 der Beschluß gefaßt, über die mathematisch-naturwissenschaftliche Seite des Fortbildungsschulunterrichtes eine Denkschrift auszuarbeiten, in der die einzelnen Fachvertreter sich äußern sollten, und es wurde der Herausgeber mit der Redaktion dieser Denkschrift betraut. Bei der Ausführung des Planes ergab sich aber für ihn doch die Notwendigkeit, stärker persönlich hervorzutreten, als es ursprünglich in seiner eigenen Absicht gelegen hatte. Die auf dem Titelblatt genannten Mitarbeiter haben ihn mehr durch ihren sachkundigen Rat unterstützt, als daß ihnen selbst die eigene Ausarbeitung der einzelnen Abschnitte zugefallen wäre. Ausgenommen hiervon sind nur die von Herrn Geheimrat Wahnschaffe beigesteuerten Bemerkungen über die Geologie, einzelne Teile des Abschnittes über Biologie, die von Herrn Prof. Kraepelin herrühren, und mehrere Stellen in dem Teil III. Besonderen Dank schuldet der Herausgeber auch dem Direktor der chemisch-hygienischen Abteilung des Kaiserl. Gesundheitsamtes, Herrn Geheimrat Kerp, für den Abschnitt über Gesundheitslehre. Im wesentlichen muß aber der Herausgeber die Verantwortung für den Inhalt der Denkschrift tragen, insbesondere für die allgemeinen Ausführungen, die im Interesse der Sache erforderlich schienen. Indem der Deutsche Ausschuß den Aufsatz unter seinen Schriften erscheinen läßt, heißt er nur die Tendenz im ganzen gut, die der Denkschrift zugrunde liegt. Diese bleibt indessen eine Schrift des Deutschen Ausschusses auch insofern, als nicht bloß die Anregung, sondern auch der direkte Auftrag zu ihrer Abfassung von ihm ausgegangen ist. Eine reiche Unterstützung fand der Herausgeber bei der Korrektur, und er fühlt sich allen den Herren zu Dank verpflichtet, die hierbei mitgeholfen haben, nicht minder auch der Verlagshandlung, die die hieraus entstehende Verteuerung der Setzerarbeit willig auf sich genommen hat.

Während des Druckes sind neue Bestimmungen des preußischen Handelsministeriums über Einrichtung und Lehrpläne gewerblicher und kaufmännischer Fortbildungsschulen erschienen (Berlin, Carl Heymanns Verlag). Zu einer wesentlichen Änderung der folgenden Ausführungen bieten sie keine Veranlassung, doch ist es für jeden, der sich für diese Fragen interessiert, wichtig, sie mit dem Inhalt unserer Denkschrift zu vergleichen. Sie werden ihm helfen, die gegenwärtige Sachlage klar zu überschauen. Vor allen Dingen wird er erkennen, wie wenig Raum bei dem Lehrbetrieb der Fortbildungsschulen einstweilen für die eigentlichen naturkundlichen Fächer übrig bleibt.

Braunschweig, im August 1911.

H. E. Timerding.

Inhaltsverzeichnis.

	Seite
I. Einleitung	1
II. Die einzelnen naturwissenschaftlichen Fächer in ihrer Bedeutung für die Fortbildungsschule	5
1. Arithmetik (Rechnen)	5
2. Geometrie (Fachzeichnen)	7
3. Mechanik (Werkzeug- und Maschinenkunde)	10
4. Physik (Naturlehre)	12
5. Astronomie und Meteorologie (Himmels- und Wetterkunde)	15
6. Chemie (Stofflehre)	15
7. Geologie und Mineralogie (Gesteins- und Bodenkunde)	17
8. Biologie (Tier- und Pflanzenkunde)	19
9. Somatologie (Körperkunde)	22
10. Hygiene (Gesundheitslehre)	23
A. Infektionskrankheiten. B. Ernährung. C. Kleidung u. Körperpflege. D. Wohnung.	
III. Die allgemeine Bedeutung der naturkundlichen Unterweisung an den Fortbildungsschulen	27

I. Einleitung.

Zur richtigen Beurteilung der folgenden Ausführungen muß eine Reihe von Gesichtspunkten im Auge behalten werden, die wir deshalb von vornherein klarstellen wollen.

Zunächst könnte man in der Art und Weise, wie wir hier die naturkundlichen Lehrfächer betonen, eine Einseitigkeit der Auffassung erblicken, deren Befolgung einer gedeihlichen Entwicklung der Fortbildungsschulen eher hinderlich als förderlich sein würde. Demgegenüber müssen wir aber ausdrücklich betonen, daß diese Schrift nicht die Absicht hat, anderen Bestrebungen entgegenzuarbeiten und die Interessen der Naturwissenschaft ausschließlich in den Vordergrund zu drängen. Im Gegenteil halten wir eine harmonische Abtönung der einzelnen Fächer für das Aussichtsreichste und Erstrebenswerteste. Wir müssen suchen, daß alle großen Ideen, die unsere Zeit bewegen, auch in der Fortbildungsschule ihren Widerhall finden.

Der Gegensatz, den man zwischen Natur- und Geisteswissenschaft konstruiert hat, kann sich aber leicht auch in die Fortbildungsschule hineinziehen. Man wird geneigt sein, den Naturwissenschaften vorzuwerfen, daß sie die ohnehin auf die materielle Seite des Daseins gerichteten Berufsklassen noch weiter in der rein materiellen Auffassung des Lebens bestärken, und man wird daher gerade eine dieser Einwirkung entgegenarbeitende sittliche Bildung und eine staatsbürgerliche Erziehung auf der Fortbildungsschule besonders betonen. Was wir nun nachzuweisen haben werden, ist, daß diesen idealen Zielen die Naturwissenschaften keineswegs entgegenarbeiten, im Gegenteil, daß sie ihnen eine mächtige Förderung bieten können, indem sie ihnen sozusagen die sachliche Grundlage liefern.

Weil die naturwissenschaftlichen Fächer an die unmittelbare Umgebung des Menschen, an seine tägliche Erfahrung, an sein Leben und an seine Berufsarbeit anknüpfen, können sie sein Interesse viel fester packen, als es durch Belehrungen möglich ist, die von vornherein die allgemeinen Gesichtspunkte in den Vordergrund stellen und sich damit aus dem engen Gesichtskreis des gemeinen Mannes entfernen, so daß er sie, mißtrauisch wie er ist, für eine bloße Erfindung der herrschenden Klassen und einen Versuch, ihn durch schöne Worte zu betören, ansieht. Die Naturwissenschaften bilden eine Schulung zur Klarheit im Denken und zur Schlichtheit im Ausdruck, sie gewöhnen daran, nichts ohne Prüfung hinzunehmen und nichts ohne Grund zu sagen. Sie erziehen zur Bescheidenheit, nicht zur Überhebung. Freilich können auch sie mißbraucht werden, und sie werden es sicher oft genug. Dagegen beruht auf ihrer richtigen Verwendung nicht bloß eine geordnete und zielbewußte Auffassung des Lebens und das Verständnis für seine mannigfachen Erscheinungsformen, sondern auch die Fürsorge für Gesundheit und körperliches Wohlergehen.

Es waren also zunächst und hauptsächlich die allgemeinen, auf die Wohlfahrt des Volkes und des Staates hinzielenden Gesichtspunkte, die uns zur Abfassung dieser Schrift veranlaßten, nicht irgendein fachliches Sonderinteresse.

Der zweite Punkt, den wir zur Sprache bringen müssen, betrifft die Frage, wieweit das, was wir hier fordern, auch wirklich erreichbar ist. Diese Frage erledigt sich aber sofort durch die einfache Bemerkung, daß das, was wir anführen, nur die Summe alles dessen bezeichnen soll, was für die Fortbildungsschulen in Betracht kommen kann, nicht aber die Forderung in sich schließt, daß es in seiner Gesamtheit an irgendeiner Fortbildungsschule auch wirklich gebracht werden soll.

Die Absicht, für die einzelnen Gattungen von Fortbildungsschulen ausführliche Lehrpläne auszuarbeiten, mußte uns völlig fern liegen. Denn abgesehen davon, daß die Verhältnisse zu vielgestaltig sind, um sich einheitlich zusammenfassen zu lassen, können solche Lehrpläne nur aus den Kreisen hervorgehen, die mit der Praxis des Fortbildungsschulwesens gründlich vertraut sind. Hier galt es vielmehr nur das kurz auszusprechen, was von wissenschaftlicher Seite her zu der Frage des Fortbildungsschulunterrichtes zu sagen ist, und die Ausführung im einzelnen den zuständigen Behörden sowie den Fortbildungsschulleitern und -lehrern zu überlassen.

Diese Ausführung denken wir uns aber keineswegs so, daß ein zusammenhängender und in gewisser Weise vollständiger Lehrgang in den einzelnen Fächern, daß überhaupt ein besonderer Unterricht in diesen Fächern, einige wenige ausgenommen, stattfindet, sondern daß vielmehr ganz unsystematisch in irgendeiner Lehrstunde einzelne Fragen herausgegriffen werden, zu deren Behandlung sich gerade die Gelegenheit bietet, daß diese Fragen dann aber auch gründlich durchgesprochen werden und der Schüler wirkliche Klarheit über sie erlangt. So wird, wie wir glauben, das Interesse des Schülers viel wirkungsvoller gepackt und sein Verständnis viel besser gefördert, als indem man versucht, einen Überblick über das Gesamtgebiet zu geben. Wenn der Schüler dann später auch über viele Dinge gar nichts weiß, so weiß er doch über einige etwas Gründliches, und damit ist seine Urteilsfähigkeit und sein Fassungsvermögen so weit gefördert, daß er auch andere Fragen, wenn sie sich ihm darbieten, richtig anzupacken vermag.

Die Knappheit des Raumes, der uns zur Verfügung stand, verbot es bis zu näheren Ausführungen vorzudringen, wir mußten uns vielmehr mit einer allgemeinen Übersicht begnügen. Aber auch dieser Übersicht können wir keinerlei Vollständigkeit zuschreiben. Es ließ sich auch hier nicht anders machen, als daß wir einzelne Punkte, die uns besonders bemerkenswert schienen, kurz hervorhoben, um auf diese Weise die Art, wie die einzelnen Fächer an der Fortbildungsschule auftreten müssen, zu kennzeichnen. Es kann daher diese Schrift durchaus nicht den Anspruch erheben, alles das zusammenzufassen, was die naturwissenschaftliche Welt der Fortbildungsschule an Lehrstoff abzugeben hat, sie kann nur die Grundlage liefern für eine engere Fühlungnahme zwischen den Kreisen der Fortbildungsschulen und dem übrigen mathematisch-naturwissenschaftlichen Unterricht. Unmittelbar nutzbar könnte sie nur da gemacht werden, wo es sich um die Festlegung einer geeigneten Ausbildung für die Fortbildungsschullehrer handelt. Sie kann aber auch allen naturwissenschaftlichen Kreisen die Anregung geben, durch Mitteilung geeigneter Einzelausführungen ein Material zusammenzutragen, das die Grundlage für den Unterricht an den Fortbildungsschulen zu bilden vermag.

Die größte Schwierigkeit für die richtige und zweckmäßige Behandlung der naturkundlichen Fächer an den Fortbildungsschulen liegt, wie wir glauben, in den zur Verfügung stehenden Lehrkräften. Selbst wenn die Lehrer durch geeignete Kurse für diesen Unterricht vorgebildet werden, so hat diese Vorbildung doch eine zu kurze Dauer, als daß sie zu der vollen Beherrschung des Gegenstandes führen könnte, die erforderlich ist, wenn die naturwissenschaftliche Unterweisung auch in der volkstümlichsten Form den sicheren Boden der durch eigene Erfahrung und eigene Beobachtung erworbenen Durchdringung des Stoffes nicht vermissen lassen soll. Es schleichen sich zu leicht mißverständliche Auffassungen und ungerechtfertigte Folgerungen ein. Selbst wo nicht ein sachlicher Irrtum begangen wird, ist doch leicht die Beleuchtung eine falsche und der Gesichtswinkel ein schiefer, so daß die Dinge entstellt und verkehrt erscheinen. Dem vorzubeugen gibt es kaum ein anderes Mittel als die eindringliche Mahnung an alle Lehrer, nach Möglichkeit über die Grenzen des wirklich selbst Erfahrenen und Beobachteten nicht hinauszugehen und nicht in dem Streben, das Interesse der Schüler zu wecken, sich in unklare und unbewiesene Allgemeinheiten zu verlieren. Vor allen Dingen kann aber die Forderung einer gründlichen und umfassenden Vorbereitung der Lehrer für das schwierige und verantwortungsvolle Lehramt an der Fortbildungsschule nicht eindringlich genug hervorgehoben werden. Hängt doch von der Art und Ausdehnung dieses Unterrichts die geistige, sittliche und gesundheitliche Beschaffenheit unserer arbeitenden Klassen zu einem großen Teile ab, und ist er dadurch für die Wohlfahrt des Staates von der größten Bedeutung!

Auf die wichtige und schwerwiegende Frage der Schüler- und Lehrerbibliotheken können wir hier nicht eingehen. Es wird sich aber für die Sachverständigen der einzelnen Gebiete in den Spalten der den Interessen der Fortbildungsschulen dienenden Zeitschriften sicher Platz finden, um sich darüber auszusprechen und zweckmäßige Ratschläge zu erteilen.

Das Wesen und der Zweck der Fortbildungsschulen wird von den Kreisen, die ihrer Verwaltung und ihrem Lehrbetriebe fernstehen, vielfach verkannt. Wir müssen deshalb darauf auch mit ein paar Worten zu sprechen kommen, damit nicht allzu hochgespannte Erwartungen an den naturwissenschaftlichen Unterricht in den Fortbildungsschulen geknüpft werden. Die Bezeichnung Fortbildungsschule verleitet vielfach zu dem Glauben, daß es sich bei ihr um eine Fortsetzung der Volksschule handelt. Das ist aber nur richtig für die allgemeinen Fortbildungsschulen, wie sie sich in Süd- und Mitteldeutschland finden. Die meisten Fortbildungsschulen sind dagegen **berufliche** Fortbildungsschulen und werden eingeteilt in **gewerbliche, kaufmännische und ländliche** Fortbildungsschulen, wozu man noch die hauswirtschaftlichen Schulen für das weibliche Geschlecht fügen kann. Diese beruflichen Fortbildungsschulen sind aber **auch keine Fachschulen**, sie bezwecken keine eigentliche Fachbildung, sondern eine Ergänzung der beruflichen Ausbildung, aber in enger Anlehnung an die Berufsarbeit. Sie beruhen auf der Anerkennung der **beruflichen Zweckbestimmung**. Zu beachten ist auch, daß die Fortbildungsschulen keineswegs auf eine Fachschule vorbereiten sollen, sondern in sich einen vollen Abschluß erreichen müssen. Der Unterricht erstreckt sich gewöhnlich über drei Jahre, die wöchentliche Stundenzahl ist sehr verschieden, sie schwankt zwischen zwei und acht Stunden, außerdem wird in den ländlichen Fortbildungsschulen nur während eines Teiles des Jahres unterrichtet. Der Besuch der Fortbildungsschule ist nur zum Teil obligatorisch, doch kann man sagen, daß die allgemeine Tendenz dahin geht, ihn obligatorisch zu gestalten.

Die berufliche Zweckbestimmung darf aber nicht so verstanden werden, daß in jeder Fortbildungsschule nur eine Berufsart vertreten ist. Im Gegenteil kann man alle Stufenfolgen der beruflichen Sonderung beobachten. Neben den Fabrikschulen, die neben der praktischen Schulung zum Teil eine weitgehende theoretische Ausbildung der gelernten Arbeiter vorsehen, steht die Ausbildung der ungelernten Arbeiter, die ihrem Wesen nach eine allgemeine sein muß und nur in besonderen Fällen eine berufliche Ausgestaltung des Unterrichts im einzelnen berücksichtigen kann. Auch in den ländlichen Fortbildungsschulen sind alle Berufe gemischt, wenn auch auf dem Lande die Beziehung zur Landwirtschaft sich schließlich bei allen Berufsarten findet und sich deshalb auch zur Grundlage des Unterrichtes machen läßt.

Man sieht, wie ungeheuer vielgestaltig die Verhältnisse sind. Es wird daher bei einer kurzen Übersicht, wie wir sie hier allein geben können, ganz unmöglich sein, auf die Besonderheiten der einzelnen Schulen einzugehen. Es wird vielmehr nötig sein, die Auswahl des im einzelnen Falle Tauglichen einer anderen Instanz zu überlassen.

Wir müssen hierbei aber noch ausdrücklich bemerken, daß mit allem, was wir im folgenden zur Sprache bringen, nicht gesagt sein soll, daß die mathematisch-naturwissenschaftlichen Fächer bei der Organisation des Fortbildungsschulunterrichtes nicht bereits zum Teil in einsichtsvoller Weise berücksichtigt worden seien. Ebenso nahe wie der Vorwurf, daß wir mit dem Kopf durch die Wand wollen, indem wir übertriebene und nicht zu erfüllende Forderungen stellen, liegt ja auch der andere Vorwurf, daß wir offene Türen einrennen, indem wir Dinge fordern, die längst zur Tatsache geworden sind. Darauf läßt sich allerdings zunächst sagen, daß im Fortbildungsschulwesen kaum irgend etwas gefunden werden kann, das in allen Teilen des Deutschen Reiches gleichmäßig vorhanden wäre, und daß bei jeder Forderung sich immer noch weite Landesgebiete angeben lassen, in denen ihre Erfüllung einstweilen noch ein frommer Wunsch bleibt. Wir brauchen aber darauf gar nicht zurückzugreifen. Unsere Absicht war gar nicht, eine Liste von Forderungen aufzustellen, auf deren Befriedigung wir dringen, sondern vielmehr nur eine übersichtliche Zusammenstellung dessen zu geben, was nach unserer Überzeugung die **naturwissenschaftlichen Fächer — die Mathematik eingerechnet — für die Fortbildungsschulen leisten und bedeuten können, ohne Rücksicht darauf, wieweit wir damit bestehende Zustände schildern oder Neuerungen fordern.**

II. Die einzelnen naturwissenschaftlichen Fächer in ihrer Bedeutung für die Fortbildungsschule.

1. Arithmetik (Rechnen).

Wenn das Rechnen in der Reihenfolge der einzelnen hier aufgezählten Fächer als das erste Fach erscheint, so ist das nicht zufällig und bedeutungslos. Fertigkeit im Rechnen ist das erste und wichtigste Erfordernis für jede Berufsart. Es zeigt seinen Nutzen und Vorteil in der gewinnbringenden Verwertung der Berufsarbeit und der haushälterischen Verteilung der Ausgaben. Es gewöhnt an eine geordnete Lebensführung, an Fleiß und Sparsamkeit. Hierzu kann auf der Fortbildungsschule aber kein bloß mechanisches Rechnen anleiten, sondern es ist ein innerliches Erfassen des sachlichen Wesens und Wertes der Aufgaben notwendig. Diese Aufgaben müssen soviel wie möglich in praktischen Beispielen bestehen, die aus dem beruflichen oder aus dem bürgerlichen Leben entnommen sind. Bevor das Resultat ausgerechnet wird, ist es wichtig, den Schüler einen ungefähren Überschlag machen zu lassen. Solche Überschläge sind es, auf die er im praktischen Leben bei allen Gelegenheiten angewiesen ist. Durch sie wird der rechte Größensinn erweckt und gepflegt.

Dieser Größensinn ermöglicht erst das richtige Verständnis für den Wert und die Bedeutung der ausgeführten Rechnungen. Seine Ausbildung ist daher die wesentliche Aufgabe des arithmetischen Unterrichtes; sie muß aber eng verbunden sein mit der Erziehung eines gesunden Wirklichkeitssinnes; Beispiele mit erdichteten Verhältnissen, mit praktisch unmöglichen Annahmen, die bloß der Übung im Rechnen zuliebe ersonnen sind, muß man daher für außerordentlich gefährlich halten. Das praktische Leben bietet ja auch Übungsstoff genug.

Im einzelnen wird man besonders die Kostenberechnungen (Kalkulationen) pflegen, die in der Tat das wichtigste für jeden Erwerbenden sind. Daneben sind Prozent- und Zinsrechnung von besonderer Bedeutung. Sie lehren Gewinn und Verlust richtig bemessen, sie eröffnen das Verständnis für das Wesen des Kapitals, sie zeigen den Wert des Sparens; mit ihrer Hilfe lassen sich auch Beispiele aus dem Versicherungswesen berechnen, durch die dem Schüler erst das Verständnis für das Wesen und die wohltätige Wirkung dieser Einrichtungen erschlossen wird.

Es handelt sich dabei einerseits um die Privatversicherung, besonders Hagel-, Vieh-, Feuer- und Lebensversicherung, anderseits aber auch — und das bildet eine große Hauptsache — um die Reichsversicherung der Arbeiter. Bei der Privatversicherung wird man die Prämiensätze einzelner Gesellschaften als die Grundlage der Rechnung benutzen müssen, bei der Arbeiterversicherung die Reichsgesetzgebung.

Auch das Anlegen und Führen von Lohnlisten bildet eine gute und sachlich wertvolle Rechenübung.

Von der Buchführung wird auf der gewerblichen Fortbildungsschule nur die einfache Buchführung behandelt werden. Die Aufgabe ist hierbei, den Schüler an ein geordnetes Aufschreiben der Einnahmen und Ausgaben zu gewöhnen. Man muß ihm zeigen, welche Vorteile ihm in Beruf und Privatleben durch eine genaue Wirtschaftsrechnung erwachsen. Der Handwerker hat sich selbst durch die Abneigung gegen den Gebrauch der Feder und gegen gründliche Berechnungen vielfach in pekuniären Nachteil gebracht, und der Fortbildungsschule fällt die Aufgabe zu, hierin Wandel zu schaffen. Um nur einen besonders wichtigen Punkt hervorzuheben: es hat sich häufig gezeigt, daß Handwerker sich bei Konkurrenzen empfindlich zu ihrem Nachteil versehen, indem sie die Selbstkosten zu niedrig bewerten. Sie vergessen nämlich bei der Berechnung die allgemeinen Unkosten, Miete,

Beleuchtung usw. gehörig zu berücksichtigen. Dies wird aber für sie nur möglich, wenn sie frühzeitig dazu angehalten werden, über diese Unkosten genau Buch zu führen und sie dann am Ende des Jahres in Prozente des angeschafften Rohmaterials oder in einen anderen festen Prozentsatz umzurechnen. Den so ermittelten Prozentsatz haben sie dann bei der Selbstkostenberechnung zuzuschlagen.

Bei der steigenden Bedeutung des Bankverkehrs auch für den kleinen Mann scheint ebenfalls eine Belehrung über Scheck und Wechsel notwendig. Außerdem scheint es nicht unangebracht, das Wesen einer laufenden Rechnung an ein paar durchgeführten Beispielen mit den dabei üblichen Methoden der Zinsberechnung klarzumachen.

Selbstverständlich werden die kaufmännischen Fortbildungsschulen in allen diesen Dingen viel weiter gehen. Bei ihnen kommt auch die doppelte Buchführung als notwendiger Bestandteil des Unterrichtes hinzu.

Es wird übrigens ebenfalls an manche der anderen Fächer sich eine zahlenmäßige Ausrechnung mit Vorteil anschließen lassen. So wird man einfache Beispiele aus der Mechanik und Physik, Aufgaben über die Wirkungsweise und den Nutzeffekt einzelner Maschinen, behandeln. Man kann allgemein sagen, daß überall, wo die Rechnung möglich ist, sie ein vorzügliches Belehrungsmittel bildet.

Die wirtschaftliche Unterweisung ist aber bei dem Rechenunterricht vielfach derart in den Vordergrund gerückt, daß die Bezeichnung Rechnen sozusagen nur aus einer vergangenen Epoche stehen geblieben ist und man daher ernstlich im Zweifel sein kann, ob nicht die Bezeichnung Wirtschaftskunde ähnlich wie die Bezeichnung Bürgerkunde statt des alten Lehrfaches Deutsch vorzuziehen sei. Man muß sagen, daß das im wesentlichen Geschmackssache ist. Entweder läßt man in der Bezeichnung die formale Seite der Rechenübung oder die reale Seite der wirtschaftlichen Belehrung vortreten. Das Wesen des Unterrichtes aber muß in der Verschmelzung dieser beiden Seiten zu einem Ganzen liegen, die Fertigkeit im Rechnen ist für den Schüler ebenso wichtig wie die wirtschaftliche Sachkenntnis.

2. Geometrie (Fachzeichnen).

Inwiefern das Fachzeichnen der gewerblichen Fortbildungsschulen der Geometrie zuzurechnen ist, kann zweifelhaft erscheinen. An und für sich scheint es ja nichts Geometrisches zu haben. Es wird irgendein Gegenstand, ein Gerät oder Maschinenteil aus der Berufssphäre des Schülers, diesem vorgelegt, er macht danach eine Maßskizze, und nach dieser Maßskizze fertigt er die Zeichnung an, ohne weiter den Gegenstand vor Augen zu haben. Um geometrische Gebilde handelt es sich hierbei nur insofern, als der dargestellte Gegenstand derart regelmäßig gestaltet sein muß, daß aus den wenigen aufgezeichneten Maßen seine Form unzweideutig hervorgeht. Im schulmäßigen Sinne ist das allerdings keine Geometrie, wohl aber im technischen Sinne. Die kräftige Ausbildung der Raumanschauung ist für die technische Seite der Geometrie das Haupterfordernis, und diese Raumanschauung, die den räumlichen Gegenstand in das ebene Bild zu übertragen und aus dem ebenen Bilde wieder deutlich zu erkennen hilft, ist auch das, was wesentlich bei dem Fachzeichnen zu erstreben ist.

Schon in den einfachen geometrischen Konstruktionen, mit denen man den Unterricht beginnt, um die zeichnerische Fertigkeit des Schülers auszubilden, liegt die Verbindung des Fachzeichnens mit der Geometrie. Denn diese Konstruktionen beruhen auf einfachen geometrischen Sätzen und sind geeignet, dem Schüler neben der äußerlichen Handfertigkeit auch die notwendigen geometrischen Kenntnisse zu übermitteln. Allerdings läßt sich dieser Unterricht aus seinem gegenwärtigen Zustande heraus noch weiter vertiefen und vereinheitlichen, ohne seine praktische Wirkung dadurch zu schädigen.

Sowie man bei diesen geometrischen Konstruktionen auf die besonderen Bedürfnisse der einzelnen Berufe näher eingeht, nehmen auch die zu verwendenden geometrischen Kenntnisse bedeutend zu, abgesehen natürlich von den Gewerben, die überhaupt der technischen Tätigkeit fern bleiben. Zunächst handelt es sich um ebene Figuren, die vielseitige Verwendung finden können. Z. B. wird die Ellipse vom Gärtner durch die bekannte Fadenkonstruktion hergestellt, der Schlosser und Drechsler wird sie an der Drehbank mit Hilfe eines Ovalwerks erzeugen, der Maurer bedient sich der Annäherung an die Ellipse, die durch die Korbbögen geliefert wird. Bei den Zierformen, die für die Bearbeitung in Holz, Stein und Eisen und z. B. auch auf Buchdeckeln verwandt werden, können vielfach geometrische Konstruktionen in Frage kommen.

Aber auch Aufgaben der Raumgeometrie können sich, immer in Verbindung mit der Darstellung in Grund- und Aufriß, häufig als wichtig und wertvoll erweisen. Wir können vor allen Dingen an die Durchdringungen denken, die in der Maschinentechnik und im Baugewerbe vorkommen. Man nehme nur die sehr häufige Durchdringung zweier Zylinder, die man schon überall da findet, wo zwei Rohre oder Röhren zusammenstoßen, oder wo sich zwei Tonnengewölbe begegnen. Es mag dabei auch an die Wichtigkeit der Konstruktion geeigneter Schnitte für die Erkenntnis einer Raumform, eines Maschinenteils oder eines Bauteils, erinnert werden. Für Blechschmiede und Klempner sind Abwicklungen von besonderer Bedeutung. Sie werden ja schon gefordert, wenn z. B. nur ein Blecheimer hergestellt werden soll. Sie spielen auch für die Steinmetze bei der Bestimmung des

Steinschnittes eine große Rolle. Für die Baugewerbe bildet im übrigen z. B. die Zeichnung eines Fensteranschlages oder eines Fabrikschornsteins gute Gelegenheit, die Schwierigkeiten, die das Ablesen der Raumform aus der Darstellung in Grund- und Aufriß verursacht, aufzusuchen und aus dem Wege zu räumen. Für die Maschinentechnik hat das exakte Zeichnen der Schrauben und Schraubenmuttern eine ähnliche Bedeutung. Es erscheint auch von Wichtigkeit, daß der Zimmermann die geometrische Bedeutung des Schiftens als die Bestimmung der wahren Länge einer Linie und der wahren Gestalt einer Fläche aus ihren Projektionen richtig erkennt, wenn auch die Linien hier Balken und die Flächen Dächer sind und nicht auf dem Reißbrett, sondern auf dem Zimmerplatz an den Gegenständen selbst konstruiert wird.

Von ganz anderer Art ist die Verwendung, welche die Geometrie in den Inhaltsberechnungen findet. Diese Inhaltsberechnungen sind u. a. als Vorbedingung für die Herstellung von Kostenanschlägen von Bedeutung. Sie sind von den Gewichtsberechnungen kaum zu trennen und bilden eine Summe guter Rechenübungen. Die dabei gegebenen geometrischen Erläuterungen werden immer von ganz einfacher Art sein müssen, das meiste wird man nur anschaulich klar machen oder erfahrungsmäßig begründen können.

Es ist vielleicht nicht überflüssig, hier ein paar Worte über den Gegensatz der theoretischen Methode und des fachlichen Lehrbetriebes zu sagen. Der Erlaß des preußischen Handelsministeriums vom 28. Januar 1907 sagt ausdrücklich: „Ein rein theoretisches Projektionszeichnen wie die Projizierung von Punkten, Linien und mathematischen Körpern, Durchdringungen von mathematischen Körpern usw. ist nicht zu treiben. Die im Berufe des Schülers vorkommenden Anwendungen der darstellenden Geometrie werden vielmehr an Aufgaben geübt, die dem praktischen Berufsleben entnommen sind." Dies entspricht genau der Auffassung, die auch im Unterrichte der darstellenden Geometrie auf den technischen Hochschulen vorzudringen beginnt. Sie ist an sich zweifellos richtig und zweckmäßig, wenn sie sich von übertriebener Einseitigkeit fernhält. Das Herumkonstruieren mit Punkten, Geraden und Ebenen, wie es sich aus der Mongeschen Schule entwickelt hat, ist allerdings für die Praxis ziemlich wertlos. Aber bei den Durchdringungen ist es doch, um den wahren Charakter der entstehenden Kurven zu erkennen und damit eine größere Sicherheit in ihrer Zeichnung zu gewinnen, nicht zu vermeiden, von der Aufgabestellung der Praxis etwas abzuweichen, entweder indem man die Dimensionen abändert, oder indem man sozusagen die geometrische Fortsetzung der vorkommenden Flächen hinzunimmt, um die Durchdringungskurven in ihrer vollen Ausdehnung zu gewinnen. Das Theoretische bedeutet also dabei nur eine notwendige Ergänzung der praktischen Unterweisung, allein aus praktischen Gesichtspunkten heraus und im Interesse praktischer Ziele. Jedenfalls wäre es verkehrt, den Gegensatz des Theoretischen und Praktischen hier ungebührlich zu übertreiben.

8. Mechanik (Werkzeug- und Maschinenkunde).

In der geschichtlichen Entwicklung haben die Betrachtungen über die Wirkungsweise der Werkzeuge und einfachen Maschinen die wissenschaftliche Mechanik eröffnet. Für den elementaren Unterricht, insbesondere für die Belehrung des Handwerkers und industriellen Arbeiters sind sie auch heute noch von Bedeutung.

Der Grundbegriff, der die ganze Betrachtung leitet, muß wohl der Begriff der Arbeit sein. Er ist ein dem gewerblichen Fortbildungsschüler natürlicher und geläufiger Begriff, der hier eine neue Bedeutung erhält, indem er sozusagen auf seine Urelemente zurückgeführt wird. Der Arbeitsausdruck wird von vornherein als ein Produkt zu erklären sein, und auf die Bedeutung der Faktoren dieses Produktes ist gehörig hinzuweisen. Das gehobene Gewicht, der geschobene Karren geben gute Beispiele ab. Die beiden Faktoren sind dabei unmittelbar zu fassen, sie sind die Wegstrecke und die Kraft, im einen Falle die Schwere, im anderen Falle die Reibung. An dem einen Falle werden die grundlegenden Begriffe von Gewicht und Masse behandelt werden können, bei dem anderen wird man auch über die Rolle, die die Reibung bei den Maschinen spielt, sprechen können. Besonderer Nachdruck ist darauf zu legen, daß von vornherein nicht bloß die Begriffsbestimmung, sondern auch die Meßmethoden der physikalischen Größen zur Geltung kommen; auf dieser quantitativen Bestimmung beruht ja das Wesen der physikalischen Wissenschaft.

Man kann nun weiter daran anknüpfen, daß das gehobene Gewicht, wie es bei der Uhr geschieht, wieder Arbeit leisten, nämlich Reibungswiderstände überwinden kann. Dagegen bleibt der geschobene Karren an seiner Stelle stehen, die auf die Überwindung der Reibung verwendete Arbeit ist verloren. So tritt der für diesen Unterricht besonders bedeutungsvolle Begriff der Nutzbarkeit auf. Man sucht die Nutzbarkeit eines vorhandenen Arbeitsquantums nach Möglichkeit zu erhöhen, daher verringert man bei den Wagen die Reibung, indem man sie auf Schienen stellt (Prinzip der Eisenbahn). Es wird bei dieser Gelegenheit aber auch auf die Nützlichkeit der Reibung in anderen Fällen hingewiesen werden können.

Man wird nun weiter zeigen, wie dieselbe Arbeit bei verschiedener Zusammensetzung des Produktausdruckes entstehen kann. Als Beispiel wird man etwa die Aufwärtsbewegung des Gewichtes auf einer schiefen Ebene wählen, wie sie früher und auch jetzt noch teilweise bei Bauten verwendet wird. Der Zweck ist der, durch die Verlängerung des Weges, der zu einer bestimmten Höhe hinaufführt, die auf die Längeneinheit entfallende Arbeitsmenge zu erniedrigen. Die geleistete Arbeit besteht einerseits wie bei dem gehobenen Gewicht in der Überwindung der Schwere, andrerseits wie bei dem geschobenen Karren in der Überwindung des Reibungswiderstandes. Gewöhnlich werden aber heute zu demselben Zweck wie die schiefe Ebene Winden benutzt, deren Prinzip hier auch zu erklären ist. Man kann bei dieser Gelegenheit den Grundsatz der technischen Zweckmäßigkeit erläutern, indem man zeigt, wie die Fragen der Kosten, des Platzes u. a. m. auf die Hilfsmittel, die man zur Arbeitsleistung benutzt, einwirken.

Neben der Nutzbarkeit und technischen Zweckmäßigkeit wird man als dritten, wichtigsten Grundsatz die Erhaltung der Arbeit hinstellen. Man wird ihn am Hebel, am Flaschenzug usw. erläutern und besonders darauf hindeuten, wie man so durch entsprechende Vorrichtungen beliebig große Kräfte ausüben kann. Die Schraube gibt dafür ein weiteres wichtiges Beispiel. Man kann dabei den Zusammenhang mit der schiefen Ebene nachweisen, und an die letztere auch vielleicht unmittelbar das Gesetz vom Parallelogramm der Kräfte anschließen.

Weiter wird man die lebendige Kraft oder Wucht erläutern als die Fähigkeit bewegter Massen Arbeit zu leisten. Man wird auf die zerstörende Wirkung der lebendigen Kraft bei dem Zusammenstoß zweier Eisenbahnzüge hinweisen und auch auf das Zerspringen eines Schwungrades oder Schleifsteines bei allzusehr gesteigerter Drehgeschwindigkeit. Man wird die Nutzbarmachung dieser Kraft beim Schlag mit dem Hammer, bei den Rammen usw. besprechen. Umgekehrt wird man aber auch die Erzeugung der Bewegung bei Auslösung einer Spannung besprechen, wie sie beim Schießen mit dem Bogen und auch (in der Übertragung auf das chemische Gebiet) beim Schießen mit den Pulvergeschützen eintritt. Der Energiebegriff in seiner Doppelheit als lebendige Kraft und Spannung wird so auftreten, man wird die Energie als Arbeitsvorrat wie ein Kapital hinstellen, und es erscheint der Grundsatz dann einleuchtend, daß dieses Kapital nicht vergeudet, sondern so nutzbringend wie möglich angelegt werden soll. Man kann auf die großen Energiemengen hinweisen, die in dem zutal fließenden Wasser zur Verfügung stehen und die schon bei den Wasserrädern benutzt, aber erst bei den Turbinen voll ausgebeutet werden. Indem man die wirtschaftliche Bedeutung hier wie überhaupt bei der ganzen Behandlung der Mechanik kräftig in den Vordergrund stellt, wird man auch von dem Recht auf fließendes Wasser, von der staatlichen Ordnung des Wasserrechtes sprechen müssen.

Das aktuellste Thema der Mechanik ist zweifellos die Flugtechnik, und auch hierüber kann vielleicht einmal kurz gesprochen werden. Der

Gegensatz der statischen und der dynamischen Betrachtung, welche die ganze Mechanik durchzieht, kommt hierbei besonders deutlich zum Ausdruck in der Scheidung der Aerostaten und Aeroplane. Auch das Zweirad, das ja jeder Fortbildungsschüler kennt, bildet ein vorzügliches Beispiel für die Besonderheit der dynamischen Gesetze. Es lassen sich auch gut ein paar Worte über das Eigentümliche der Kreiselwirkung und ihre mannigfache Verwendung sagen.

Nützlich scheint es auch, besonders im nördlichen Deutschland, gelegentlich von der Ausnutzung des Windes bei den Windmühlen und bei den Segelschiffen zu sprechen. Man wird auch von den Schiffen im allgemeinen einiges sagen, man wird das Prinzip des Schwimmens erläutern und auch die Stabilitätsfragen dabei wenigstens streifen. Man wird den Bewegungswiderstand des Wassers und seine Verringerung durch günstige Formen des Schiffsrumpfes kurz erwähnen. Man hat hierin wieder gute Beispiele für die drei Gesichtspunkte, die bei allen technischen Einrichtungen maßgebend sind: Zweckmäßigkeit, Billigkeit und Sicherheit.

4. Physik (Naturlehre).

Bei der physikalischen Belehrung wird auf der Fortbildungsschule wesentlich wieder die wirtschaftliche Seite zu betonen sein. Die Naturkräfte kommen insoweit in Betracht, als der Mensch aus ihnen Nutzen zu ziehen sucht, teils zur unmittelbaren Befriedigung seiner Bedürfnisse, teils als Hilfsmittel zur technischen Produktion. Die wirtschaftlich nutzbar gemachten Naturkräfte sind aber außer den mechanischen Kräften die Wärme, die Elektrizität und die Kräfte der chemischen Affinität. Diese letzten sind es z. B., die bei der Verbrennung wirksam sind, durch die Verbrennung wird der in der Kohle aufgespeicherte Energievorrat freigemacht. Man wird nach Möglichkeit von vornherein den Begriff der Energie, von dem wir schon bei der Mechanik gesprochen haben, zugrunde legen. Die Verwandlung der verschiedenen Energieformen ineinander wird dann der Hauptgegenstand, und dadurch erhält die Betrachtung eine gewisse Einheitlichkeit und Geschlossenheit. Aus Wärme wird z. B. in der Dampfmaschine Bewegung gewonnen, umgekehrt wird aus Bewegung in der Dynamomaschine Elektrizität erzeugt, um aus dieser wieder Bewegung, Licht oder Wärme zu gewinnen.

Man kann dann auf den Transport der Energie in den Kohlenladungen und in den elektrischen Leitungen eingehen und zeigen, wie die Kosten der Energie hierbei in verschiedener Weise verteuert werden. Der Transport in den elektrischen Leitungen ist nur bis zu einer gewissen Grenze rentabel, selbst wenn die elektrische Energie aus der kostenlos zur Verfügung stehenden Wasserkraft gewonnen wird. Man kann dabei als Ausnahme die Telegraphie anführen, wo die übermittelte Bewegung als Ausdruck des menschlichen Gedankens einen ganz besonderen Wert hat. Dadurch kann man der einseitigen Auffassung der Energie als eines bloßen Quantums von vornherein entgegentreten und die Bedeutung klarlegen, die in der besonderen Art der Energie liegt. Alle Kulturtätigkeit drängt nach einer möglichst weitgehenden Spezifizierung der Energie hin und in dieser Spezifizierung, nicht in dem rohen Quantum liegt der Wert. Es werden daher unter Umständen bedeutende Energiemengen geopfert, um einen bestimmten Zweck zu erreichen. Als Beispiel kann auch die Lichterzeugung angeführt werden, bei der nur bis zu 5 Prozent der aufgewendeten Energie nutzbringend verwertet werden können. Dabei kann man dann die hohe Umwandlungsfähigkeit der Elektrizität als die Hauptursache für ihre wirtschaftliche Bedeutung nennen. Man wird weiter allgemein von dem Nutzeffekt und der Nutzbarkeit technischer Einrichtungen sprechen. Z. B. wird man den Wärmeverlust in der Dampfmaschine erwähnen, ferner den Kraftverlust, der durch leerlaufende Maschinen ebenso wie durch Pferde, die untätig im Stall stehen, erwächst, und kann damit den Vorteil begründen, den der Elektromotor für den Kleinbetrieb hat.

Man wird dann wieder die beiden Faktoren nennen, aus denen sich der Energieausdruck zusammensetzt. Beim Dampf sind sie Spannung und Menge, beim elektrischen Strom Spannung und Stromstärke. Dabei läßt sich auch der tiefgreifende Unterschied berühren, der darin liegt, daß bei dem elektrischen Strom die Zusammensetzung des Produktes durch einen Umformer beliebig geändert werden kann, während bei dem Dampf nur der eine Faktor, die Spannung, durch Energieabgabe geändert werden kann. Man wird auch die Aufspeicherung der elektrischen Energie in den Akkumulatoren erwähnen und zum Verständnis einer elektrischen Stromleitung die Begriffe des Leitungswiderstandes und die Gesetze der Stromverzweigung kurz behandeln müssen.

Von besonderer Wichtigkeit scheint es ferner, daß die Bedeutung des Zusammenschlusses zur Energieverwandlung im Großen klar hervortritt, die Bildung der Kraftzentralen, von der aus die einzelnen Abnehmer versorgt werden. Die Naturlehre leitet so direkt über in das soziale Gebiet. Dem gemeinen Manne und auch wohl dem gebildeten ist sie überhaupt ein symbolisches Bild der in der menschlichen Gesellschaft spielenden Kräfte. Man wird unwillkürlich hierbei an die Versuche der Energetiker denken, diese Analogie sachlich zu begründen.

Es möge zum Schluß noch einmal betont werden, daß es keineswegs in unserer Absicht liegt, einen allgemeinen Lehrgang in der Mechanik und Physik auf der Fortbildungsschule zu fordern. Im Gegenteil, wir sind der Überzeugung, daß eine weitgehende Differenzierung nach dem Beruf notwendig ist, und daß überall eine zweckmäßige Auswahl und nicht ein Überblick über das Gesamtgebiet zu erstreben ist. Es sind nur einzelne Berufe, bei denen eine zusammenhängende Darstellung am Platze ist. Das sind vor allen die Maschinenbauer. In den wirklichen Fachklassen findet tatsächlich ein physikalischer Kursus statt. Für die Feinmechaniker sind ganz spezielle Ausführungen einzelner Gebiete notwendig. Auch mit den Schiffbauern sind gewisse Teile der Mechanik, nämlich die Mechanik schwimmender Körper, besonders durchzunehmen, es ist ihnen genau zu sagen, was Schwimmfähigkeit, Wasserverdrängung und Stabilität bedeutet usw. Wieder sind hierbei bestimmte Zahlenrechnungen durchaus notwendig. Auf solchen Rechnungen beruht ja die ganze Konstruktion des Schiffes. Andere Berufe wie z. B. die Bäcker werden nur ganz geringe Ausschnitte aus der Physik benötigen. Sie werden etwa über die Konstruktion ihrer Knetmaschinen Bescheid wissen müssen, sie werden ebenfalls das Wesen und den Nutzen einer elektrischen Anlage kennen müssen, aber damit ist es auch genug der Physik. Für die Elektrotechniker kommt natürlich eine genauere Kenntnis der Elektrizitätslehre in Betracht, für die Maler und Anstreicher, ebenso wie für die Photographen eine besondere Ausführung der Optik. Es handelt sich dabei zunächst um die Beleuchtungslehre, die Unterscheidung von Licht und Schatten, die Begriffe der Lichtstärke und Helligkeit usw. Weiter tritt hinzu die Lehre von Spiegelung und Brechung des Lichtes, die Zerlegung des weißen Lichtes in die Spektralfarben, die Besprechung des Auges und des Sehens, des Begriffes der Komplementärfarben, der optischen Täuschungen u. a. m.

Es ist auch noch ein Wort darüber zu sagen, wie in dem Unterrichte der Mechanik und Physik das Experiment zur Geltung kommen kann. Zum Verständnis erscheint es fast unbedingt notwendig, aber es erhebt sich hier abgesehen von der Frage seiner zweckmäßigen Einrichtung das schwerwiegende Bedenken der Kosten. Viele städtische Fortbildungsschulen werden wohl in der Lage sein, Versuchsapparate anzuschaffen oder von anderen Anstalten zu entleihen. Bei den ländlichen Fortbildungsschulen scheint das aber ganz unmöglich; auch Wandersammlungen können nicht immer helfen. Hier tritt dieselbe Aufgabe wie in den Volksschulen an den Unterricht in der Naturlehre heran: Versuche mit gar keinen oder ganz billigen Hilfsmitteln zu machen. In der Mechanik geht das noch verhältnismäßig leicht, auch einzelne Erscheinungen aus der Wärmelehre lassen sich mit improvisierten Apparaten erläutern, in der Elektrizitätslehre ist es aber außerordentlich schwer, ohne größere Ausgaben auszukommen. Bei ihr erwächst wirklich die Aufgabe, Mittel und Wege anzugeben, wie man es mit ganz einfachen Hilfsmitteln die Haupttatsachen durch Versuche klarmachen kann, und es wäre etwa eines Preisausschreibens wert, hierfür zweckmäßige Methoden zu finden. Das im Erscheinen begriffene Werk von H. Hahn über *Freihandversuche* gibt über das bisher auf diesem Felde Geleistete gute Auskunft.

5. Astronomie und Meteorologie (Himmels- und Wetterkunde).

Nur ganz kurz wollen wir zwei Wissenschaften berühren, die trotzdem von großer Bedeutung sind und allgemeines Interesse verdienen, nämlich die Astronomie (Himmelskunde) und die Meteorologie (Wetterkunde).

Die Himmelskunde ist vielleicht das im Vergleich zu ihrer Wichtigkeit bei unserer ganzen Bildung am meisten vernachlässigte Gebiet. Die Angehörigen der besseren Stände sprechen wohl sehr gelehrt und interessiert über ptolemäisches und kopernikanisches Weltsystem, über Planetenbewohner, über Sternhaufen und Nebelflecken u. dgl. mehr, aber von dem Nächstliegenden haben sie kaum eine Ahnung. Von der scheinbaren täglichen und jährlichen Bewegung der Sonne z. B. haben sie nur eine höchst unklare Vorstellung. Wenn sie gefragt werden, wo am 21. Juni die Sonne untergeht, so werden sie zumeist antworten: Nun, sehr einfach, im Westen. Verlangt man gar, daß sie mit der Uhr in der Hand sich nach dem Stand der Sonne über die Himmelsrichtung orientieren sollen, so werden sie zum großen Teil völlig versagen. Alles das sind aber Dinge, die jeder wissen sollte. Sie gehören allerdings nicht an die Fortbildungsschule, sondern an die Volksschule und sollten nur bei sonntäglichen Ausflügen, die zu dem Fortbildungsschulunterricht möglicherweise hinzutreten, eindringlich wiederholt und eingeschärft werden. Hier ergibt sich ja auch die Gelegenheit zu ihrer praktischen Erprobung.

Die Wetterkunde hat dagegen eine unmittelbare Bedeutung für die Landwirtschaft und sollte daher auf den ländlichen Fortbildungsschulen gehörig berücksichtigt werden. Man muß in dem Unterricht so weit kommen, daß der Schüler einen wissenschaftlichen Witterungsbericht zu verstehen imstande ist. Dazu gehören außer der Erläuterung von Temperatur und Luftdruck und den zu ihrer Messung dienenden Instrumenten, Thermometer und Barometer, einige Ausführungen über die Entstehung des Windes und die Bildung der Niederschläge. Es bedarf wohl kaum der Erwähnung, daß auch diese Fragen bei sonntäglichen Ausflügen behandelt zu werden verdienen.

6. Chemie (Stofflehre).

Die Chemie kann auf der Fortbildungsschule nicht in der früher allgemein üblichen Weise behandelt werden, daß man von den Elementen: Sauerstoff, Stickstoff, Wasserstoff, Kohlenstoff usw. ausgeht und aus ihnen die Körper zusammensetzt, sondern man muß umgekehrt einen besonders wichtigen und dem Beruf des Schülers nahestehenden Stoff zugrunde legen und an ihm die fundamentalen Begriffe der Chemie, immer in einer Form, welche die Beziehung zum Beruf des Schülers deutlich erkennen läßt, entwickeln. Es ist namentlich zu erörtern, was eine chemische Verbindung und was eine Legierung ist (Metallegierungen sind ja für viele Berufe, Mechaniker, Maschinenbauer, Klempner usw., von großer Wichtigkeit). Es sind dann die verschiedenen Arten von Verbindungen klarzumachen, es ist zu sagen, was eine Säure, eine Basis, ein Salz ist. Es sind auch die grundlegenden Vorgänge der Oxydation und Reduktion zu besprechen.

Was die Einzelheiten betrifft, wird die Chemie auf den Fortbildungsschulen sich eng an die Materialienkunde anlehnen. Diese gehört indes keineswegs ausschließlich in das Gebiet der Chemie, sondern es spielen bei ihr auch biologische und geologische Momente eine wichtige Rolle. Bei der Besprechung der Kohlenlager z. B. ist auf die Entstehung der Kohlen aus dem Pflanzenreich und den geologischen Prozeß ihrer Bildung einzugehen, und es kann so dem Schüler auch die physikalische Tatsache klargemacht werden, daß die Kohlenlager nichts bedeuten wie die aufgespeicherte Energie der Sonnenwärme. Ähnlich wird man auch bei der Besprechung des Kalkes zunächst von dem Vorkommen des kohlensauren Kalkes in der Natur und von seiner geologischen Bedeutung sprechen. Dann wird man die Prozesse des Brennens und Löschens durchnehmen, man wird erklären, wie die Bindekraft des Kalkes durch das Wiederausscheiden des Wassers und die Aufnahme der Kohlensäure aus der Luft zustande kommt. Auch die mannigfache industrielle Verwertung des Kalkes wird am geeigneten Orte zur Sprache kommen müssen.

Bei der Besprechung der Erze geht man am besten von dem Metall aus, weil dieses dem Schüler vertraut ist. Man kann z. B. von dem Rosten des Eisens reden und dabei den chemischen Charakter des Brauneisenerzes erklären. Man kann dann den Reduktionsprozeß mit Bleiglätte leicht vormachen und von da zu den Vorgängen im Hochofen übergehen.

Bei vielen Stoffen, wie bei dem Holze, den Faserstoffen und den Nahrungsmitteln ist ein Übergreifen auf das biologische Gebiet gar nicht zu vermeiden. Ein solches Übergreifen findet auch statt bei der Besprechung der Öle und Fette, Harze usw. Es wird sich an diese Stoffe die Erzeugung der Lacke und Firnisse auf der einen Seite und die Seifen- und Kerzenfabrikation auf der anderen Seite anzuschließen haben. Auch die Gewinnung des Steinkohlenteers und die daraus erzeugten Farben sind z. B. für Färber und Maler von großer Wichtigkeit. Die übrigen Farben entstammen zum größten Teile dem Pflanzen- und Mineralreich, und sind diesem ihrem Ursprung nach zu besprechen.

Die Chemie hat eine ganz besondere Bedeutung für einzelne Berufe, deren ganze Tätigkeit auf chemischen Verwandlungen aufgebaut ist. Schon in betreff der Landwirtschaft kann man sagen, daß durch das Aufkommen der rationellen Düngung die Chemie ihre wichtigste Hilfswissenschaft, allerdings wieder in enger Beziehung mit der Naturkunde, geworden ist. Auch als Grundlage einer rationellen Kochkunst, die nicht bloß den feinschmeckerischen Ansprüchen, sondern auch den hygienischen Forderungen genügen will, hat sich die Kenntnis chemischer Vorgänge als zweckmäßig und vorteilhaft erwiesen. Deshalb hat auch in den Haushaltungs- und Kochschulen die Chemie eine entsprechende Bedeutung erlangt.

Ganz auf besonderen chemischen Prozessen aufgebaut sind z. B. die Gewerbe der Brauer, Brenner, ferner der Gerber, Seifensieder u. a. m. Die Beziehung zur Biologie ist bei diesen Berufen wieder augenscheinlich. Einerseits sind die verarbeiteten Stoffe pflanzlichen oder tierischen Ursprungs, andererseits haben aber auch die Vorgänge bei der Produktion zum Teil biologischen Charakter. Ganz allgemein gilt dies für die sogenannten Gärungsgewerbe. Die Gärung entsteht durch kleine Lebewesen, z. B. die alkoholische Gärung durch die Hefepilze. Auch die Gärung des Teiges bei der Bäckerei wird durch Hefezellen und Milchsäurebakterien bewirkt. Ähnlich wird die Essigsäuregärung durch die Einwirkung aus der Luft hinzutretender Kleinlebewesen erzeugt. Neben den Gärungsprozessen sind aber auch die Fäulnisprozesse allgemein zu behandeln. Diese haben allerdings meist nicht den Charakter eines erwünschten Erfolges. Sie sind aber wegen ihrer gesundheitlichen Bedeutung entschieden hervorzuheben. Sie spielen eine große Rolle bei allen Ernährungsberufen, Metzgern und Wurstlern, Fettwarenhändlern usw. Hier anreihen läßt sich die Besprechung der Käsebereitung, wobei neben dem Abscheiden des Käsestoffes aus der geronnenen Milch insbesondere der chemische Prozeß beim Reifen des Käses zu behandeln ist. Auch hier spielen wieder Kleinlebewesen eine Rolle.

Allgemein läßt sich sagen, daß die Chemie an der Fortbildungsschule ihren Nutzen nur in einer engen Verbindung mit der Naturkunde recht erweist, denn überall entstammen die Stoffe, um die es sich handelt, dem Mineral-, Pflanzen- oder Tierreich, und auf diese ihre Herkunft muß gebührend Rücksicht genommen werden; bei vielen sehr wichtigen Prozessen sind außerdem Organismen die Erreger, und diese Vorgänge lassen sich daher nur von der biologischen Seite her voll erfassen.

7. Geologie und Mineralogie (Gesteins- und Bodenkunde).

Die Kenntnis der elementaren Grundzüge der Geologie ist für alle Fortbildungsschulen von Bedeutung, doch wird sich der dargebotene Lehrstoff je nach der Art dieser Schulen differenzieren. Die geologischen Darbietungen sind am besten mit der naturkundlichen Betrachtung der näheren Umgebung zu verbinden, weil der Lehrer dem Schüler so die Bedeutung des geologischen Aufbaues unmittelbar vor Augen führen kann, und dieser Zweig der Heimatkunde ist daher auf geologische Grundlage zu stellen. Dadurch wird die Kenntnis der heimatlichen Erde nutzbringend vertieft, das Verständnis für ihre natürlichen Landschaftsformen gefördert und dazu beigetragen, das Interesse für die Erhaltung der Naturdenkmäler sowie die Liebe zur Heimat zu erwecken.

Die heimatkundliche Belehrung muß aber ihre Stätte hauptsächlich in außerschulmäßigen Veranstaltungen wie Ausflügen, Vorträgen usw. finden. Wir werden darauf bei der Biologie noch weiter zu sprechen kommen. Im eigentlichen Fortbildungsschulunterricht finden sich nur gelegentlich bei einzelnen Berufen Anknüpfungspunkte an die Geologie. Dies ist z. B. bei den Brunnenmachern der Fall. Die Grundwasserverhältnisse hängen allein von dem geologischen Bau und der petrographischen Beschaffenheit der Schichten ab, und die Aufsuchung des Grundwassers für die Wasserversorgung setzt demnach unbedingt geologische Kenntnisse voraus. Die weitgehenden Kenntnisse der Bodenverhältnisse, die man beim Tiefbau braucht, kommen dagegen wohl weniger für die Fortbildungsschulen als für die eigentlichen technischen Fachschulen in Betracht.

Eine Kunde der hauptsächlichsten als Baumaterial und für technische Zwecke in Betracht kommenden Mineralien und Gesteine ist namentlich für die gewerblichen Fortbildungsschulen von Wichtigkeit. Das Maurer- und Steinmetzgewerbe, der Ziegeleibetrieb und die Zementindustrie setzen eine gründliche Kenntnis des von ihnen verwendeten Rohmaterials, der Bau- und Ornamentsteine, der Tone, Sande, Kiese, Kalksteine, Gipse usw. bei allen Beteiligten voraus.

Für die landwirtschaftlichen Fortbildungsschulen wird die Bodenkunde die Form sein, in der die geologisch-mineralogischen Gesichtspunkte auftreten, da der Boden die äußerste Verwitterungsschicht der Erdkruste darstellt, soweit diese für die Pflanzenkultur nutzbar gemacht werden kann. Es ist daher die Methode der agronomisch-geologischen Kartierung, das Bodenprofil (Oberkrume und Untergrund) und der Verwitterungsvorgang, der zur Bodenbildung geführt hat, wenigstens in den Hauptzügen zu erläutern. Zu berücksichtigen sind dabei auch besonders die natürlichen und künstlichen Meliorationsmittel, wie Mergel, Düngefolge usw.

Die größte Bedeutung hat aber die Geologie für die bergmännischen Fachschulen. Hier wird über den geologischen Aufbau der Erdrinde, über die Entstehung der Erzadern und Kohlenlager und ihre Ausbreitung ausführlich zu sprechen sein.

8. Biologie (Tier- und Pflanzenkunde).

Die Biologie tritt auf der Fortbildungsschule zunächst in der Form der Rohstofflehre und Warenkunde auf, sofern dabei pflanzliche und tierische Produkte in Frage kommen. Wir können, um ein Beispiel zu geben, an die Notwendigkeit einer gründlichen Kenntnis des Holzes für die Zimmerleute und Tischler erinnern, die über die Struktur und das Wachstum des Holzes, über Astbildung, über den Unterschied von Splint- und Kernholz, über den Wassergehalt und das Trocknen des Holzes, über die besonderen Eigenschaften der verschiedenen Holzarten u. dgl. unbedingt Bescheid wissen müssen. Wir können auch an die Faserstoffe erinnern, die für alle an der Herstellung und Bearbeitung von Gespinsten und Geweben beteiligten Gewerbe von Wichtigkeit sind, ferner an die Farbpflanzen, z. B. Farbhölzer, und andere Dinge mehr.

Besondere Aufmerksamkeit verdient seiner wirtschaftlichen Wichtigkeit wegen der Wettbewerb der heimischen Erzeugnisse mit den fremdländischen. Man kann bei den einzelnen Berufen darauf hinweisen, wie z. B. bei den Gespinsten nicht bloß die Baumwolle und andere Faserstoffe gegen die einheimische Wolle konkurrieren, sondern diese auch gegen die australische Wolle zurückgetreten ist, wie der Hanf- und Flachsbau in unserer Heimat infolge des Aufkommens fremdländischer Nebenbuhler fast ganz aufgehört hat, wie die von den Rinden einheimischer Bäume gelieferte Lohe den fremden Gerbmitteln unterlegen ist usw. Man muß aber auch auf den umgekehrten Entwicklungsgang bei der Verdrängung des Zuckerrohrs durch die Zuckerrübe und der natürlichen Alizarin- und Indigofarbe durch den künstlichen aus Steinkohlenteer gewonnenen Farbstoff hindeuten.

Auch der Wettbewerb pflanzlicher und tierischer Produkte ist zu beachten, so bei den Fetten, wo die exotischen Pflanzenfette den tierischen Fetten den Rang streitig machen, bei der Elfenbeinnuß, die für tierische Produkte wie Knochen, Horn usw. eintritt.

Für die Landwirtschaft spielt die Kenntnis der Getreidearten und Futterpflanzen ebenso wie die Vertrautheit mit Bau und Leben der Haustiere eine wichtige Rolle. Es müssen aber auch die Seuchen und Krankheiten unserer Haustiere Berücksichtigung finden. Das gleiche gilt von den Schädlingen in Garten, Feld, Wiese und Wald. Wenn der Schüler so die Insektenwelt zuerst von der schlechten Seite kennen lernt, so kann er an den Bienen und den uns allerdings ferner liegenden Seidenraupen auch ihren Nutzen erfahren. An den landwirtschaftlichen Schulen dürfen auch die pflanzlichen Schmarotzer wie die Rostpilze, Mutterkorn, Meltau usw. nicht übergangen werden.

Die Wichtigkeit der Botanik für die Gärtner brauchen wir wohl kaum zu erwähnen. Biologische Kenntnisse konkurrieren mit mineralogischen und chemischen Elementen bei der landwirtschaftlichen Düngungslehre. Z. B. ist das Knochenmehl und der Guano, der auch tierischer Herkunft ist, ein wichtiges Düngmittel. Das Pflanzenreich selbst liefert z. B. die Lupinen, in deren Wurzelknöllchen stickstoffschaffende Bakterien stecken.

Alle zur menschlichen Nahrung dienenden Pflanzen sind auch für die Ernährungsgewerbe und für die Haushaltungsschulen von Bedeutung. Dabei ist dann auch auf die fremden Produkte, ihre Herkunft, ihren Nährwert usw. Rücksicht zu nehmen; als Beispiele brauchen wir nur Sago, Mais und Reis zu nennen. Zum Teil streift diese botanische Belehrung dicht an das hygienische Gebiet wie die Besprechung der als Reiz- und Genußmittel dienenden Pflanzenstoffe, Kakao, Tee, Tabak usw. Auch der Hinweis auf die genießbaren und giftigen Pilze ist an geeigneter Stelle nicht ohne Nutzen, einerseits wegen der Vergiftungsgefahr und anderseits wegen der Stellung, welche die Pilze unter den Nahrungsmitteln bei ihrem Nährwert und ihrer Billigkeit einnehmen können.

Die Fleischer werden über die allgemeine Anatomie der Schlachttiere im allgemeinen Bescheid wissen müssen. Für andere Berufe kommt nur die Besprechung einzelner Teile bestimmter Tiere in Betracht, wie Horn, Elfenbein, Schildpatt, Knochen, Perlmutter für den Drechsler. Um Fett und Fleisch handelt es sich bei den Ernährungsgewerben, um die Häute und Haare bei Gerbern, Schustern, Sattlern und Kürschnern, bei Polsterern, Hut- und Handschuhmachern.

Ein wesentliches Gebiet darf aber nicht übergangen werden, das nicht bloß für einzelne Berufe, sondern auch für die Allgemeinheit von großem Interesse ist, das der Kleinlebewesen. Es ist nicht bloß der gewaltigen Rolle zu gedenken, welche die Bakterien beim Abbau organischer Stoffe spielen, indem sie als Ursache jeglicher Fäulnis- und Gärungsprozesse in Anspruch zu nehmen sind und selbst im Magen-Darmkanal der lebenden Tiere wichtige Aufgaben zu erfüllen haben, sondern es ist vor allem auch die verderbliche Wirkung hervorzuheben, die sie als die Erreger fast aller ansteckenden Krankheiten auf den Menschen und seine Nutztiere ausüben. Diese Belehrung fällt allerdings bereits in das hygienische Gebiet.

Man sieht, wie mannigfache Bedeutung die Biologie für die berufliche Ausbildung auf der Fortbildungsschule gewinnen kann. Doch kommen dabei auf diese Weise fast immer nur einzelne Ausschnitte aus dem großen Gebiet der gesamten Biologie in Betracht. Alles weitere muß einer Ausbildung vorbehalten bleiben, die abseits von der Fortbildungsschule steht, wenn sie diese auch in wichtiger Weise ergänzt und stützt.

Als vornehmstes Mittel der Anleitung, die Natur im richtigen Sinne betrachten und verstehen zu lernen, müssen jedenfalls planmäßige Exkursionen im Gebiete der engeren Heimat angesehen werden. Solche Exkursionen stecken allerdings einstweilen noch im Anfangsstadium ihrer Entwicklung. Um die Arbeitszeit nicht zu verkürzen, müssen sie auf den Sonntag gelegt werden. Sie haben aber eine um so größere Bedeutung, als sie die gesundheitliche Fürsorge, die Körperpflege, mit der geistigen Ausbildung verquicken. Eine Verpflichtung zu ihnen wird schwer zu erreichen sein, es muß eben das naturwissenschaftliche Interesse im Volke so weit durchgedrungen sein, daß die Jugend selbst ein Bedürfnis nach solcher Belehrung empfindet, oder daß die Eltern ihre Kinder zu der Teilnahme an den Exkursionen anhalten. So kann erst eine kommende Generation die Früchte der steigenden Liebe zur Natur und des Strebens nach ihrem Verständnis ernten.

Auf solchen Ausflügen hat der Lehrer es dann leicht, an der Hand der Tatsachen zunächst die allgemeinen geologischen Verhältnisse des heimischen Bodens klarzulegen, die Unterschiede von Sand-, Ton-, Lehm-, Mergel- und Humusboden, ihre Entstehung aus festen Gebirgsmassen, die Einwirkung von Wasser, Gletscher, Wind, Temperatur auf die Zersetzung der Gesteine, die Bildung von Tal und Hügel, Flußlauf und Seenbecken, und weiter die Gliederung des Geländes auf Grund der Boden- und Wasserverhältnisse u. a. m. in Wald und Wiese, Sumpf, Heide, Moor und Kulturland zu erörtern. Hierbei müssen dann auch die wichtigsten Lebensbedingungen der Pflanzenwelt, ihre Abhängigkeit von Wärme, Licht, Feuchtigkeit und Boden berücksichtigt werden. Die Unterschiede der verschiedenen Waldformationen führen zu näherem Eingehen auf Licht- und Schattenpflanzen, auf den Einfluß, den Feuchtigkeit und Trockenheit auf die Entwicklung und die Besonderheit der Gewächse ausüben, sie führen ferner zum Verständnis der mannigfachen Gestaltformen des Laubes, des Wuchses, der Wurzelbildung usw., bis dann schließlich auch die wichtigsten Charakterformen der Tierwelt in ihrer Abhängigkeit von der Vegetation und ihren sonstigen überaus wechselvollen Beziehungen zur Pflanzenwelt zur Erörterung kommen.

Freilich bleiben manche Fragen übrig, die nicht unmittelbar aus dem zu lösen sind, was in der Heimat sichtbar vor Augen liegt, und die doch für die heranwachsende Jugend von Bedeutung sind. Das sind alle Fragen über die räumlich oder zeitlich entfernte Lebewelt. Die Pflanzenwelt fremder Zonen kommt in praktischer Hinsicht für die Erläuterung vieler Waren und Materialien in Betracht. Aber schon der Reiz, der in allem Fremden liegt, wird den jungen Menschen danach drängen, auch über die Lebewelt fremder Zonen etwas zu erfahren, ganz abgesehen von der praktischen

Bedeutung, die sie für uns hat. Er wird aber auch von der Vorgeschichte der heimischen Pflanzenwelt, wie überhaupt aller Lebewesen etwas hören wollen. Das gelegentliche Vorkommen eines Hünengrabes, einer Steinsetzung, eines Steinwerkzeuges wird in vielen Fällen den Anknüpfungspunkt bieten können für Darlegungen über die Vorgeschichte unseres Volkes wie der Menschheit im allgemeinen; in ähnlicher Weise geben die erratischen Steine des Ackers nebst den in ihnen nicht selten vorkommenden Versteinerungen willkommenen Anlaß, den Fragen über den Werdegang des organischen Lebens auf unserer Erde näher zu treten. Die moderne Naturforschung hat längst aufgehört, die Naturgebilde als fertig gegebene, unter sich zusammenhanglose Einzelobjekte zu betrachten. Sie ist sich vielmehr bewußt, daß es sich in der unendlichen Mannigfaltigkeit der uns umgebenden Formen und Erscheinungen um ein historisch Gewordenes handelt, dessen Bildung und Entwickelung von allgemeinen Gesetzen beherrscht wird und dessen einzelne Glieder wieder untereinander in mannigfachster Beziehung und Abhängigkeit stehen. Diese Erkenntnis des durchgehenden kausalen Zusammenhanges alles Naturgeschehens ist es, woraus sich in erster Linie ein wirkliches Verständnis der uns umgebenden Welt ergibt und damit ein reges Interesse für die tausendfältigen Wandlungen und Beziehungen, die sich täglich und allerwärts an ihr beobachten lassen. Die Liebe zur heimischen Scholle wird durch eine solche Unterweisung ebenso gefördert werden, wie die Abkehr von den vielen und weitverbreiteten Formen des Aberglaubens, gegen die es das beste Schutzmittel ist, wenn die Überzeugung von einer nie sich verleugnenden Gesetzmäßigkeit alles Naturgeschehens die Herrschaft gewinnen wird, selbstverständlich mit der weisen Beschränkung auf das wirklich Erklärbare, die das Merkmal einer richtigen Belehrung ist.

9. Somatologie (Körperkunde).

Eine kurze Belehrung über Bau und Leben des menschlichen Körpers wird sozusagen den Übergang von der Biologie zur Gesundheitslehre bilden müssen. Diese Belehrung greift einerseits zurück in die Biologie, insofern der Bau des menschlichen Körpers mit dem der höheren Tiere übereinstimmt, andererseits steht sie, wie z. B. bei der Frage der Ernährung, schon im engsten Zusammenhange mit der Gesundheitslehre. Im besonderen kommen bei der Anatomie und Physiologie mannigfaltige fachliche Bedürfnisse in Frage. So ist die Anatomie der menschlichen Kopfknochen für die Zahntechniker von Wichtigkeit, die Anatomie des menschlichen Fußes, auch seine pathologische Anatomie, die Kenntnis seiner Verbildungen und Verkrüppelungen, für die Schuster. Für die Schneider spielen die Proportionen des menschlichen Körpers eine große Rolle. Für die Ernährungsgewerbe ist auf die Stoffwechsellehre besonders einzugehen. Für die Heilgehilfen endlich ist das ganze Gebiet von Bedeutung, und es schließt sich daran eine besondere technische Berufsbildung an. Im allgemeinen wird man sich auf die wichtigsten Hauptsachen, eine Übersicht über das Knochengerüst und die Lagerung der einzelnen Organe, was die Anatomie betrifft, und einen Überblick über die vegetativen und animalischen Funktionen des menschlichen Körpers, also über Blutumlauf, Atmung, Ernährung und Absonderung, Muskeltätigkeit, Sinnesempfindungen und psychische Tätigkeit beschränken müssen. Das Eingehen auf den letzterwähnten Punkt hat vielleicht eine besondere Bedeutung, weil es einem übertriebenen Materialismus wirkungsvoll entgegentreten kann, falls der Lehrer den Gegenstand genügend beherrscht.

10. Hygiene (Gesundheitslehre).

Eine wesentliche Stütze für die Behandlung der Gesundheitslehre bilden die vom Kaiserlichen Gesundheitsamt herausgegebenen Merkblätter, die in gemeinverständlicher Darstellung einzelne Hauptfragen kurz behandeln. Es wird auf sie in der folgenden Zusammenstellung an den entsprechenden Stellen verwiesen werden. Ebenfalls vom Gesundheitsamt herausgegeben wird ein *Gesundheitsbüchlein*, das einen populären Abriß des Gesamtgebietes gibt.

A. Infektionskrankheiten.

Hier wird zunächst auf Wesen und Verbreitungsart der Infektionskrankheiten im allgemeinen einzugehen sein. Es wird die Ursache zu besprechen sein, die in Kleinlebewesen zu suchen ist; diese werden vom Kranken auf den Gesunden entweder direkt oder durch Zwischenträger (Tiere wie Ratten, Mücken, Fliegen oder Stoffe wie Trinkwasser, Nahrungsmittel, Kleider) übertragen. Im einzelnen sind nur solche Infektionskrankheiten zu erörtern, welche für die Volksgesundheit besonders in Betracht kommen.

a) Die erste Art der hier in Betracht kommenden Krankheiten sind die **unmittelbar vermeidbaren** (Wundinfektion, Geschlechtskrankheiten). Bei der Wundinfektion sind zu erörtern die Grundbegriffe der Asepsis und Antisepsis (Infektionsverhütung und Infektionsbekämpfung). Bei den Geschlechtskrankheiten werden wesentlich die Folgen dieser Krankheiten für den Erkrankten, namentlich aber auch die Gefahren der Übertragung und Vererbung zu besprechen sein.

b) Die zweite Art der Infektionskrankheiten sind die **mittelbar abwendbaren** (Pocken, Tuberkulose, Infektionen vom Magendarmkanal aus, Erkältungskrankheiten). Bei den Pocken ist auf die durch die Schutzpockenimpfung erzielten Erfolge hinzuweisen. Auch bei der Tuberkulose würde der Schwerpunkt der Erörterung auf die Bekämpfung der Krankheit und die Schutzregeln gegen sie, auf die jeder einzelne zu achten sich gewöhnen sollte, zu legen sein (vgl. das Tuberkulosemerkblatt des Kaiserl. Gesundheitsamts). Für die Infektionen vom Magen und Darm aus kommen Ruhr, Typhus, Magendarmkatarrh, Brechdurchfall in Betracht. Beim Typhus wird auf seine erfolgreiche Bekämpfung durch die auf dem Gebiete der öffentlichen Gesundheitspflege eingeführten Verbesserungen (Wasserversorgung, Abwasserbeseitigung, Anlage von Schlachthäusern) einzugehen sein (vgl. das Ruhr- und Typhusmerkblatt des Kaiserl Gesundheitsamts).

Bei den Erkältungskrankheiten (Rheumatismus, Schnupfen, Heiserkeit, Husten) wird die Abwehr solcher Krankheiten durch Abhärtung besonders hervorzuheben sein, damit die vielfach übertriebene Furcht vor Wind, Zugluft, Kälte, Nässe abgelegt wird.

c) Als dritte Art sind noch zu nennen die **gewerblichen Infektionskrankheiten**. Hier dürfte es genügen, darauf hinzuweisen, daß auch Infektionskrankheiten der Tiere auf den Menschen übertragbar sind, z. B. der Milzbrand durch Bearbeitung der Häute, Haare, Hörner an Milzbrand verendeter Tiere in Gerbereien, Pinselfabriken usf. Vielleicht können auch die nicht auf Infektion beruhenden Gewerbekrankheiten (Blei-, Phosphorvergiftungen usf.) gestreift werden unter Berücksichtigung der für die Gewerbebetriebe erlassenen Vorschriften; ihre eingehendere Behandlung würde aber zu weit ab vom eigentlichen Weg führen (vgl. das Bleimerkblatt, Schleifermerkblatt und die Merkblätter für Feilenhauer und für Arbeiter in Chromgerbereibetrieben des Kaiserl. Gesundheitsamts).

Bei den Infektionskrankheiten ist auch einzugehen auf die **Desinfektion**, ihre Arten und ihren Nutzen. Es ist namentlich hinzuweisen auf die Bekämpfung der Infektionskrankheiten durch Anzeigepflicht, Absonderung der Kranken, Vernichtung oder Unschädlichmachung (Desinfektion) der Krankheitskeime. Es sind die verschiedenen Verfahren der Desinfektion zu nennen, es ist über Desinfektionsanstalten zu sprechen und die Unterstützung der Desinfektion durch Reinlichkeit kräftig hervorzuheben.

B. Ernährung.

a) Das erste wird bei der Besprechung der Ernährung sein die Erörterung der Zusammensetzung der **Nahrungsmittel** aus den Nährstoffen (Eiweiß, Kohlenhydrate, Fette, Wasser, Salze), der Ausnutzung der Nahrung, der Auswahl und Berechnung der Kost, die Beschreibung der wichtigsten Nahrungsmittel, ihrer Rolle und wirtschaftlichen Bedeutung im Haushalt und die ökonomisch wichtige Frage des Preises. Hinzuweisen ist auf das Nahrungsmittelgesetz und die Bekämpfung der Nahrungsmittelverfälschungen. Auch die Wichtigkeit der Art der Nahrungsaufnahme (Vermeidung zu heißer, zu kalter Nahrungsmittel, gründliches Kauen der

Speisen) ist zu betonen, ferner die Unterstützung, welche die Ernährung durch Mund- und Zahnpflege findet (vgl. das Milch- und das Pilzmerkblatt des Kaiserl. Gesundheitsamts.)

b) Nach den eigentlichen Nahrungsmitteln sind dann zu behandeln die Genußmittel. Hier werden namentlich die alkoholischen Getränke zu besprechen sein; vor dem Mißbrauch der geistigen Getränke dürfte eindringlich zu warnen, eine gänzliche Enthaltsamkeit jedoch nicht zu befürworten sein. Denn es steht keineswegs fest, ob wenigstens der Kulturmensch ohne weiteres aller Anregungsmittel entraten kann und, wenn ihm der Alkohol entzogen wird, nicht zu anderen, unter Umständen weit gefährlicheren Anregungsmitteln greift (Morphium, Cocain). (Vgl. im übrigen das Alkoholmerkblatt des Kaiserl. Gesundheitsamts.) Zu erörtern sind auch Kaffee, Tee, Kakao und Tabak unter Hinweis auf die schädlichen Wirkungen bei zu reichlichem Genuß.

C. Kleidung und Körperpflege.

a) Zweck der Kleidung ist abgesehen von ihrer ästhetischen Bedeutung der Schutz gegen Abkühlung und gegen Nässe. Die Auswahl des Kleidungsstoffes richtet sich demgemäß nach Jahreszeit, Witterung, Beschäftigungsart und Gesundheitszustand (Oberkleider und Unterkleider, leichte Hals- und Kopfbekleidung, zweckmäßiges Schuhwerk). Neben der Kleidung ist auch das Bett zu besprechen. Es ist die Vermeidung der Benutzung von Federbetten als Unterbett, möglichst auch als Deckbett einzuschärfen und die Reinhaltung der Kleider und Betten dringend anzuraten.

b) Die Abhärtung ist das wesentliche Mittel zur Frischerhaltung des Körpers und zur Vorbeugung gegen Krankheiten. In dieser Hinsicht ist die Bedeutung der Luft- und Wasserbäder, des Sports zu erörtern. Die sportliche Betätigung ist nicht nur als eine Art der Ausgleichung der durch den Beruf einseitig beanspruchten Kräfte, sondern vornehmlich aus ethischen Gründen eindringlich zu empfehlen. Die Zeit, die der heranwachsende Mensch dem Sport widmet, ist in Wahrheit als gewonnen zu betrachten, da sie andernfalls in einem öden Kneipenleben verbracht zu werden pflegt. Der Sport regt wie keine andere Betätigung den Ehrgeiz der jungen Leute mächtig an. Erfolg im Sport setzt Mäßigkeit im Alkoholgenuß voraus und hält von geschlechtlichen Ausschweifungen ab. Andererseits ist vor Übertreibungen der sportlichen Betätigung zu warnen, namentlich vor einer Übertreibung der Wettspiele, die von ernster Arbeit ablenken; ebenso ist eine gewerbliche Ausnutzung des Sports zu verwerfen.

c) Arbeit — Erholung — Ruhe. Die tägliche Arbeitsdauer muß sich nach der menschlichen Leistungsfähigkeit richten; hierbei sind Beruf, persönliche Veranlagung und Art des Arbeitens gehörig zu berücksichtigen.

Danach richten sich die Ruhepausen, die kürzeren Unterbrechungen der Arbeitszeit, und die Erholung, das gänzliche Ausruhen von der Arbeit. Bei der heutigen Art des Fabrikbetriebes, bei der Männer, Frauen, Kinder in mehr oder minder großer Zahl im gleichen Betriebe beschäftigt werden, kann auf die persönliche Veranlagung des einzelnen nicht Rücksicht genommen werden; wohl aber ist es Pflicht, die tägliche Arbeitszeit für die einzelnen Geschlechter und Lebensalter nach den Berufsarten zu regeln. Dies ist im Deutschen Reich auf Grund der Gewerbeordnung geschehen. Es wird ausdrücklich darauf hinzuweisen sein, daß gerade für den jugendlichen Arbeiter die Erholungszeit nicht zum Besuche von Gastwirtschaften bestimmt ist und durch den Genuß alkoholischer Getränke verkürzt und mißbraucht werden darf. Der rechte Begriff der Sonntagsruhe ist zu geben. (Jugendliche Arbeiter dürfen jetzt an Sonn- und Festtagen überhaupt nicht beschäftigt werden. Für diese Maßnahme waren sowohl religiöse Gründe als auch Gründe der Gesundheitspflege maßgebend.)

D. Wohnung.

Der Zweck der Wohnung ist der Schutz vor den Unbilden der Witterung, sie ist aber auch Stätte des Familienlebens und bildet darum die Grundlage der Volksgesundheit und des Staats. Daher ist die Beschaffung gesunder und behaglicher Wohnungen eine der wichtigsten Aufgaben der öffentlichen Gesundheitspflege. Die wesentliche Bedingung für eine solche Wohnung ist, daß sie geräumig, hell, warm und trocken ist, daß sie gut gelüftet und stets reinlich gehalten wird. Wo es irgend zu erreichen ist, soll die Wohnung so geräumig sein, daß nicht Schlafgemach, Wohnraum und Küche in einem Raum vereinigt sind. Schlafgemach und Küche sind zum mindesten voneinander zu trennen. Für die Arbeitsstätte wie für das Schlafgemach sind die hellsten und luftigsten Räume zu wählen. Für eine bestimmte Geräumigkeit, was die Abmessungen der einzelnen Räume einer Wohnung anlangt, sorgen jetzt die Baupolizeiordnungen.

Der Wert einer wiederholten Lüftung der Wohnung ist nachdrücklich hervorzuheben, bei der Besprechung der Heizung ist darauf hinzuweisen, daß die Temperatur von 18^0 C ($14,5^0$ R) nicht überschritten werden soll, da andernfalls für das körperliche Wohlbefinden Nachteile entstehen. Der Wert einer durch Sonnenlicht genügend oder reichlich erhellten Wohnung ist zu erörtern; es handelt sich dabei um den Einfluß des Sonnenlichts auf die Reinlichkeit, auf die Abtötung von Mikroorganismen, schließlich auch auf die Gemütsstimmung der Bewohner. Die Flächen der Fenster sollen daher ein bestimmtes Verhältnis zur Bodenfläche eines Raumes (mindestens $1/5$ bis $1/6$) besitzen. Die künstliche Beleuchtungsart richtet sich nach den wirtschaftlichen und örtlichen Bedingungen; diejenige verdient den Vorzug, die dem Sonnenlicht an Stärke und Farbe am nächsten kommt, die Luft nicht verunreinigt, **keine große Wärme** erzeugt und explosionssicher ist.

Nicht unmittelbar zur Gesundheitslehre gehört die Anweisung zur ersten **Hilfeleistung bei Unglücksfällen**, die indes, schon wegen der mit allen gewerblichen Betrieben verbundenen Gefahren, für den Unterricht an den Fortbildungsschulen eine große Bedeutung besitzt und auch jetzt schon einen breiten Raum in ihm einnimmt. Es handelt sich zunächst um das Anlegen eines Notverbandes und das Verhüten von Verblutung bei Verwundungen, sodann um das Einschienen des verletzten Gliedes bei Knochenbrüchen, ferner um die Wiederbelebungsversuche bei Ertrunkenen und Erstickten und das Verhalten bei Ohnmachtsanfällen, die namentlich bei Mädchen häufiger vorkommen.

Schließlich wollen wir auch noch die Kranken- und Kinderpflege kurz erwähnen, die bei den für das weibliche Geschlecht bestimmten Haushaltungsschulen in Betracht kommt.

Damit dürfen wir die Übersicht über die einzelnen mathematischen und naturwissenschaftlichen Disziplinen, so wie sie bei den Fortbildungsschulen zur Geltung kommen können, als abgeschlossen ansehen.

III. Die allgemeine Bedeutung der naturkundlichen Unterweisung an den Fortbildungsschulen.

Zum Schluß wollen wir auch über die allgemeine Bedeutung der naturwissenschaftlichen Belehrung an den Fortbildungsschulen ein paar Worte sagen. Das Wesen der Naturwissenschaft liegt in der unbefangenen, sorgfältigen und erschöpfenden Prüfung der Tatsachen, die uns durch die äußere Erfahrung geliefert werden, und in ihrer sicheren logischen Verknüpfung. Die naturwissenschaftliche Ausbildung bedeutet daher eine Erziehung zur Sachlichkeit, sie schärft die Beobachtungsfähigkeit und gewöhnt daran, aus einem vorliegenden Tatbestande in ruhiger Objektivität die vollen Konsequenzen zu ziehen. Von einer eigentlichen naturwissenschaftlichen Ausbildung kann ja nun auf der Fortbildungsschule gewiß nicht die Rede sein. Zu einer solchen reicht weder die zur Verfügung stehende Zeit noch ist sie überhaupt die Aufgabe der Fortbildungsschule. Diese hat ja den Zweck, den jungen Menschen in seinem Beruf tüchtig zu machen, indem sie ihm die dafür nötigen Hilfskenntnisse übermittelt und ihn lehrt, sich mit seiner Berufsarbeit in das Gemeinleben verständnisvoll einzugliedern. Es könnte deshalb wohl die Frage aufgeworfen werden: soll an den Fortbildungsschulen überhaupt eine naturwissenschaftliche Belehrung, die über das praktisch Verwertbare, wenn auch nur in der Form gelegentlicher

Exkurse, hinausgeht, erstrebt werden? Oder ist es nicht, abgesehen von der Störung, die dadurch für die engere Berufserziehung entstehen könnte, von vornherein aussichtslos, bei der Kürze der Zeit und der ungenügenden Vorbildung der Schüler, selbst bei der gründlichsten Sachkenntnis und der geschicktesten Darstellung des Lehrers etwas Ersprießliches zu erreichen?

Solche Bedenken sind gewiß nicht ohne Berechtigung. Allein was hier unseres Erachtens einen unbedingten Zwang ausübt, ist das tiefgewurzelte Interesse aller Menschen gerade an den letzten Fragen der Naturforschung, an den Fragen, denen der Forscher selbst vielleicht aus dem Wege geht, weil er sie für jenseits des Bereiches seiner Forschung liegend hält. Als Beispiele brauchen wir nur Fragen wie die nach der Abstammung des Menschen, nach der Ausdehnung des Weltraumes, nach der Bewohnbarkeit der Planeten, nach dem Endschicksal der Welt und ähnliche mehr zu nennen. Wird der Laie über die Bedeutung oder Bedeutungslosigkeit solcher Fragen nicht von den Berufenen belehrt, so holt er sich seine Belehrung eben von unberufener Seite. Er läßt sich durch das Lockmittel einer falschen Sensation fangen und fällt einer tendenziösen Ausdeutung angeblich wissenschaftlicher Ergebnisse anheim. Wo keine wissenschaftlichen Bücher hindringen, da bürgert sich eine phantastisch aufgeputzte, auf das Überraschende und Geheimnisvolle zugeschnittene populäre Literatur ein, und wo auch diese nicht mehr hinzugelangen vermag, da setzen sich einzelne Schlagworte fest, die mit zäher Beharrlichkeit geglaubt werden, immer mit der Berufung auf eine wissenschaftliche Autorität. Es liegt dabei die dunkle Verehrung des wissenschaftlich ungeschulten Mannes für die zu den tiefsten Rätseln des Daseins vordringende Forschung zugrunde. Aber das Bedürfnis, einzelne scheinbar wissenschaftliche Glaubenssätze festzuhalten, muß, wenn diese mit einer Umdeutung auf das soziale Gebiet verquickt werden, verderbliche Resultate zeitigen.

Dies hat sich besonders bei dem Begriff des Kampfes ums Dasein gezeigt, den Darwin benutzt hatte, um die fortschreitende Entwicklung der Lebewelt auf der Erde zu erklären. Dieser Kampf ums Dasein wurde dann als ein allgemeines „Naturgesetz" auch auf die Erscheinungen in der menschlichen Gesellschaft angewandt, während vorher gerade umgekehrt Darwin den Ausdruck aus der englischen Soziologie entnommen und in übertragener Bedeutung auf das ganze organische Leben ausgedehnt hatte. Also im eigentlichsten Sinne ein circulus vitiosus!

Deshalb muß wenigstens so viel erreicht werden, daß man bei solchen sozialen Theorien die Berufung auf die wissenschaftliche Autorität abschneidet, daß man nachdrücklich auf die Grenzen der Naturerkenntnis hinweist, die niemals über das Innenleben des Menschen und seine sittlichen Aufgaben den letzten Aufschluß geben kann. Es muß daher die

Aufklärung das wesentliche Ziel der naturwissenschaftlichen Belehrung an der Fortbildungsschule sein, das Wort Aufklärung hier aber in einem anderen Sinne verstanden, als es von der radikalen Seite her aufgefaßt wird. Die Aufklärung, die wir meinen, bedeutet den Kampf gegen den Aberglauben, aber nicht wie die Aufklärung des 18. Jahrhunderts den Kampf gegen den Glauben. Sie bedeutet den Kampf gegen Unwissenheit und falsche Belehrung. Daher ist gerade im staatserhaltenden Sinne die Aufklärung des Volkes ein unbedingtes Erfordernis. Diese Aufklärung zu leisten, sind aber die einzelnen Gebiete der Naturwissenschaft vornehmlich berufen.

Richtig verstanden mahnt die Naturwissenschaft zur Mäßigung und zur Besonnenheit. Die objektive Betrachtung, die sich alle wirtschaftlichen und wissenschaftlichen Erfahrungen zunutze macht, muß mit Notwendigkeit zu der Erkenntnis führen, daß nur durch das Zusammenwirken aller Kräfte in dem wirtschaftlichen Leben ebenso wie durch die Berücksichtigung aller Erscheinungsformen in der wissenschaftlichen Forschung etwas Förderliches und Segensreiches geleistet werden kann, während die einseitige Wertschätzung einer bestimmten Arbeitsart ebenso wie die leidenschaftliche Verfechtung halb- und mißverstandener naturwissenschaftlicher Sätze nur Schaden und Unheil stiftet. Die Autorität, die wir in der Wissenschaft anerkennen müssen, weil wir nicht durch eigene Erfahrung das ganze Wissensgebiet umspannen können, müssen wir auch im Staatsleben willig hinnehmen.

Es ist also zunächst die negative Seite, die Bekämpfung falscher Meinungen und Lehren, die Schützung der Wissenschaft vor Mißdeutung und Mißbrauch zum Schaden des Volkes, die allgemeine Aufgabe der naturwissenschaftlichen Unterweisung auf der Fortbildungsschule. Gewarnt muß werden davor, diese Unterweisung auf die Mitteilung allgemeiner Forschungsergebnisse zu beschränken, die weder genügend begründet noch dem Schüler gehörig zum Verständnis gebracht werden können. Eine klar erkannte, an den Bereich der wirklichen Erfahrung des Schülers anknüpfende Einzelheit ist mehr wert als ein sorgfältig ausgearbeiteter Überblick über das Gesamtgebiet, der für den Schüler die große Versuchung in sich birgt, sich an einzelne Sätze zu halten, sie weiter in seiner Weise umzudeuten und so durch falsche und unvollkommne Überlegungen aus allgemeinen Hypothesen heraus sich die Naturerscheinungen in ihrer Gesamtheit klar machen zu wollen.

Die Aufklärung, die dem Volke not tut und die wir ihm geben müssen, ist von dreifacher Art. Sie hat sich einerseits auf das wirtschaftliche Leben zu erstrecken, anderseits auf das naturwissenschaftliche Verständnis, und schließlich, gewissermaßen diese beiden Gebiete verbindend, die Gesundheit und die körperliche Wohlfahrt des Volkes zu behandeln.

Was zunächst die wirtschaftliche Seite der Aufklärung betrifft, so fällt sie nur zum Teil und nur mittelbar in den Bereich der naturwissenschaftlichen Belehrung. Immerhin können einzelne Teile der mathematischen und naturwissenschaftlichen Fächer eine wesentliche Stütze für die wirtschaftliche Aufklärung bieten. Zunächst bildet das Rechnen ein wesentliches Hilfsmittel für die sachliche Grundlegung der staatsbürgerlichen Erziehung, die den positiven Gehalt der wirtschaftlichen Aufklärung bildet. Nichts wirkt so überzeugend als ein zahlenmäßig durchgerechnetes Beispiel, weil es sich über allen Streit der Meinungen zu der unbedingten Sicherheit der objektiven Feststellung erhebt. Rechnet man etwa mit den Schülern aus, wie hoch sich das durchschnittliche Einkommen auf Grund der Einkommenstatistik beläuft, so arbeitet man am wirkungsvollsten dem Traum entgegen, daß durch gleichmäßige Verteilung aller Güter sämtliche Menschen zu Reichtum und Wohlleben gelangen könnten. Auch über die Bedeutung der Arbeiterversicherung wird, wie wir bereits oben hervorgehoben haben, nur das konkrete Zahlenbeispiel wirklichen Aufschluß geben und den Arbeiter darüber aufklären, welche Wohltat ihm durch den Schutz gegen Krankheit und Arbeitsunfähigkeit erwächst. Ebenso ist es mit den Berechnungen, die sich auf die Besteuerung beziehen. Diese Berechnungen zeigen, wie sehr die Lasten des Staatshaushaltes auf die finanziell besser gestellten Kreise entfallen und wie sehr der Staat auf diese Weise für die ärmeren Klassen eintritt, da ja mit diesen Summen alle öffentlichen Wohlfahrtseinrichtungen und die ganze rechtliche und wirtschaftliche Fürsorge für die Bedrückten und Bedrängten bestritten wird. Auch der Segen des Sparens kann, wie schon oben betont wurde, beim Rechenunterricht eindringlich klar gemacht werden. Alle Fürsorge des Staates bleibt wirkungslos, wenn sie nicht durch Sparsamkeit und Wirtschaftlichkeit von jedem einzelnen unterstützt wird.

Neben der an das bürgerliche Leben anknüpfenden Rechnung ist auch die Naturlehre ein vorzügliches Mittel zur Aufklärung über das Wesen der wirtschaftlichen Produktion. Sie zeigt den allmählichen Aufstieg vom einfachen Werkzeug zur komplizierten Maschine und die wirtschaftlichen Vorteile, die dadurch gewonnen wurden, sie zeigt die Notwendigkeit des Zusammenschlusses für die Gewinnung bestimmter Güter wie z. B. für die Erzeugung von Licht und Kraft, für die Schaffung der Verkehrs- und Beförderungsmittel und damit die allgemeine Bedeutung des gesellschaftlichen Zusammenwirkens, sie eröffnet das Verständnis für die wichtigen Begriffe des Wertes, der Arbeit, der Produktion, des Kapitals, der Nutzbarkeit und der Wirtschaftlichkeit, sie zeigt aber auch deutlich die Grenzen, die unserm Wollen und Handeln durch die Naturnotwendigkeit gezogen sind.

Wir dürfen schließlich auch die Biologie nicht vergessen, die sozusagen in symbolischer Umdeutung für die wirtschaftliche Aufklärung verwertet werden kann. So liefert der Bau des Tierkörpers ein Bild für die Gliederung des Staatswesens, die Funktionen der einzelnen Teile des Organismus entsprechen der Arbeitsteilung im staatlichen Leben, und wie beim Tierkörper die einzelnen Teile sich zu einem Ganzen zusammenschließen, so bildet auch der Staat durch die innige Gemeinschaft und das Zusammenarbeiten aller seiner Teile ein festgefügtes Ganzes. Auch die Tierstaaten der Bienen, Ameisen und Wespen können für die Erklärung menschlicher Einrichtungen von Nutzen sein.

Das zweite Gebiet der Aufklärung, die naturwissenschaftliche Aufklärung, liegt ganz im Rahmen der naturwissenschaftlichen Fächer. Es handelt sich hier vor allen Dingen darum, den Wert und das Wesen der Resultate, die uns die Naturwissenschaft geliefert hat, klarzulegen und der Irrmeinung entgegenzutreten, daß sich auf Grund dieser Resultate eine neue Religion aufbauen lasse, die frei sei von allen unbewiesenen Glaubenssätzen. Es genügt dabei folgendes zu beachten: das Wesen aller Naturwissenschaft liegt in der Beobachtung; ihre Entwicklung beruht auf der Steigerung der Beobachtungsfähigkeit, der Verbesserung der Beobachtungsmittel und der Vermehrung des Beobachtungsmaterials. Erklären heißt immer nur Beobachtungen untereinander in Zusammenhang bringen. Über die Grenzen des Beobachtbaren kann man nur mit Wahrscheinlichkeitsschlüssen hinausgehen; die Wahrscheinlichkeit wird dabei um so geringer, je weiter man sich von dem unmittelbar Beobachtbaren entfernt. Bei der Darstellung naturwissenschaftlicher Dinge wird allerdings das Hypothetische nicht immer direkt als solches charakterisiert, man rechnet auf das Verständnis des Lesers, indem man annimmt, daß er die einzelnen Sätze richtig wertet.

Aus alledem folgt die große Schwierigkeit einer volkstümlichen Belehrung in der Naturwissenschaft. Die Schwierigkeit liegt nicht so sehr darin, die Sätze an sich verständlich zu machen, als den nur bedingten Wert klarzulegen, der ihnen beizumessen ist. Um eine naturwissenschaftliche Hypothese lediglich als heuristisches Prinzip auffassen zu können, dazu gehört, daß man selbst an der Forschungsarbeit teilnimmt, denn sonst wird man schwer einsehen, welchen Wert überhaupt die Formulierung eines Satzes haben kann, der gar nicht eine Tatsache oder ein Gesetz ausdrücken, sondern nur den Weg zur Auffindung neuer Beobachtungen zeigen soll oder dazu dient, bereits gemachte Beobachtungen einheitlich zusammenzufassen oder einfach zu beschreiben. Daher rührt die leicht zu beobachtende Erscheinung, daß bei der Mitteilung naturwissenschaftlicher Ergebnisse die Behauptungen um so entschiedener zu werden pflegen, je weiter sie von den Quellen der Forschung entfernt sind. In populären Schriften würden Sätze, die mit allem Vorbehalt nur als vorläufige Annahmen zur Zusammenfassung des einstweilen vorliegenden Beobachtungsmaterials formuliert sind, wenig Anklang finden. Der Laie, besonders der weniger Gebildete, verlangt zumeist kräftigere und anregendere Kost, er will fertige Tatsachen, und je überraschender und paradoxer die Behauptungen klingen, um so lieber ist es ihm. So war z. B. die Frage nach dem ersten Auftreten des Menschen in populären Schriften bereits endgültig entschieden, als die wissenschaftliche Forschung noch vorsichtig tastend nach einer Lösung suchte. Auch die Frage nach der Bewohntheit oder Bewohnbarkeit des Mars wurde in populären Aufsätzen schlankweg bejaht, ohne daß in vielen Fällen weder der Verfasser noch der Leser einen Begriff von den Beobachtungen hatte, die dieses Resultat ergeben haben sollten.

In Wirklichkeit haben alle Behauptungen, die über das unmittelbar Beobachtete hinausgehen, nur einen relativen Wert, sie bedeuten Annahmen, die bei fortschreitender Häufung des Beobachtungsmaterials vielleicht verändert oder durch andere ersetzt werden müssen. In dieser Hinsicht aufklärend zu wirken, zu zeigen, daß uns wohl die Verschärfung unserer Beobachtungsgaben und Beobachtungsmittel weiter hilft, daß wir aber nicht durch bloße Verstandesschlüsse eine über den Bereich der Erfahrung hinausgehende Erkenntnis erlangen können, darin wird die wesentliche Aufgabe der naturwissenschaftlichen Aufklärung bestehen müssen. Damit fällt auch die Stütze weg, welche gewisse radikale Staatstheorien in naturwissenschaftlichen Tatsachen zu finden glaubten.

Es wäre aber verkehrt, die negative Seite, die Bekämpfung einer falschen und irreführenden Ausdeutung wissenschaftlicher Ergebnisse, bei der naturkundlichen Belehrung ausschließlich in den Vordergrund stellen zu wollen. Es gehört die positive Seite der Unterweisung unbedingt dazu. Es genügt nicht, daß man sagt, wie die Dinge sich nicht verhalten, man muß auch sagen, wie sie wirklich sind. Wir wollen über die Bekämpfung falscher Ansichten hinaus wirklich etwas Gutes und Gründliches leisten. Wir wollen die Liebe zur Natur im Volke erwecken und pflegen, wir wollen dem jungen Menschen die Sinne eröffnen für das Leben und Weben um ihn her. Wir wollen ihm auch helfen, sich in der Gesamtheit alles Geschehens zurechtzufinden. Die Anleitung, im Wechsel des Werdens und Vergehens der Naturgebilde feste, unveränderliche Gesetze zu sehen, kann nicht ohne Einfluß bleiben auf die Stellung, welche der junge Mensch später der bürgerlichen Gemeinschaft gegenüber einnehmen wird. Er wird erkennen, daß auch die wirtschaftlichen und gesellschaftlichen Beziehungen der Menschen nicht minder von einer allgemeinen Regelmäßigkeit durchzogen werden als das Naturgeschehen und sich nicht nach Laune und Willkür ändern lassen.

Wir dürfen dabei aber nicht die tiefgreifende Verschiedenheit verkennen, die das Leben in der menschlichen Gesellschaft von dem ganzen übrigen organischen Leben auf der Erde trennt. Diese Verschiedenheit liegt nicht allein in der überlegenen Intelligenz des Menschen, sie liegt vor allen Dingen in der Anerkennung der sittlichen Forderungen. Die bewußte Pflichterfüllung ist es, was den Menschen wahrhaft zum Menschen macht, und in der ernsten Mahnung, menschwürdig zu bleiben und unermüdlich an sich selbst zu arbeiten, muß auch dieser Unterricht der Fortbildungsschule ausklingen.

Diese ethischen Momente spielen in das dritte Gebiet der Aufklärung, das wir zu betrachten haben, das Gebiet der medizinischen Aufklärung, bedeutungsvoll hinein. Es handelt sich hierbei zunächst um die Bekämpfung der Gleichgültigkeit gegen gesundheitliche Fragen und um die Anbahnung des Verständnisses für die Wichtigkeit, welche Wohnung, Kleidung, Luft und Licht, die Enthaltsamkeit von Ausschweifungen, gesunde Nahrung und körperliche Übung für den menschlichen Organismus besitzen; daneben gilt es aber auch den medizinischen Aberglauben, der auf uralten, tief eingewurzelten Überlieferungen beruht, zu beseitigen und die medizinischen Irrlehren, die aus mißverstandenen naturwissenschaftlichen Tatsachen und unzulänglich begründeten allgemeinen Ansichten heraus in neuerer Zeit erwachsen sind, zu bekämpfen. Der letzte Punkt ist deswegen von besonderer Bedeutung, weil das sogenannte Naturheilverfahren (d. h. das Kurieren der Krankheiten ohne Arzt) unter den Lehrern eine große Anhängerschaft besitzt. Deswegen wäre Vorsorge zu treffen, daß die Fortbildungsschüler nicht in dieser Hinsicht eine falsche Belehrung empfangen, sondern die Lehrer, die sie unterrichten, genügende medizinische Einsicht besitzen, um das Richtige zu treffen und das Falsche zu vermeiden. Wo immer es nur möglich ist, wird ein Arzt für diese Unterweisung heranzuziehen sein.

Der Unterricht in der Gesundheitslehre birgt aber, auch wenn er gut und gründlich erteilt wird, ähnlich wie der naturwissenschaftliche Unterricht die Gefahr in sich, daß die übermittelten Kenntnisse in ihrer Tragweite von dem Schüler überschätzt werden. Wie aus der naturwissenschaftlichen Belehrung die Verführung zum Philosophieren über die Naturerscheinungen im allgemeinen und zu einer auf diesen Überlegungen aufgebauten Erklärung der letzten Dinge erwächst, so gehen aus der medizinischen Belehrung leicht Versuche hervor, an sich selbst herumzudoktern, und die dazu disponierten Schüler laufen Gefahr, später zu Hypochondern zu werden. Deswegen ist bei dem Unterricht in der Gesundheitslehre möglichst allgemein vorzugehen und jedes nähere Eingehen auf Einzelheiten des Heilverfahrens zu vermeiden. Überhaupt handelt es sich ja nur darum, vor den die Gesundheit untergrabenden Faktoren zu warnen und die Gefahren zu schildern, die aus unvernünftiger Lebensweise, insbesondere aus dem

Mißbrauch geistiger Getränke erwachsen, nicht aber Vorschriften für das Verhalten bei Erkrankungen zu geben außer der einen, möglichst rasch den Arzt zu Hilfe zu ziehen. Die positive Seite der Belehrung über die Erhaltung der Gesundheit wird sich wesentlich auf die Mahnung zur Reinlichkeit, auf die Empfehlung zweckmäßiger Kleidung, Nahrung und Wohnung, auf das Anraten eines gesunden Sports und dergleichen mehr zu beschränken haben.

Dagegen ist der Popularisierung des Heilverfahrens entschieden entgegen zu wirken. Besonders gewarnt muß werden vor der Lektüre populärer medizinischer Schriften, sogenannter krankmachender Lektüre. Allerdings ist gerade die Warnung vor bestimmten Büchern außerordentlich gefährlich, weil die Schüler sich dann häufig die ihnen genannten Schriften in der Hoffnung eines pikanten Anreizes verschaffen und so das Gegenteil von dem erreicht wird, was erreicht werden soll. Es darf daher lediglich auf die Nutzlosigkeit und Albernheit dieser Schundliteratur, die nur auf den Geldbeutel des Käufers spekuliert, im allgemeinen hingewiesen werden.

In das Gebiet dieser Aufklärung gehört auch die sexuelle Aufklärung. Es ist dabei zu betonen, daß ein geschlechtlicher Verkehr nicht unbedingt notwendig ist, daß der außereheliche Verkehr große Gefahren, insbesondere die Gefahr der Geschlechtskrankheiten in sich birgt und zu entwürdigenden Situationen führen kann. Ferner ist darauf hinzuweisen, daß, sowie eine Ansteckung erfolgt ist, die sofortige ärztliche Behandlung dringend erforderlich ist, um unheilvolle Folgen nach Möglichkeit zu vermeiden. Vor allem ist dringend zu warnen vor dem Kurieren mit Geheimmitteln und vor der Inanspruchnahme von Kurpfuschern. Die sexuelle Aufklärung wird unbedingt Aufgabe des Arztes sein müssen, dem hierfür ein paar Stunden im Fortbildungsschulunterricht einzuräumen sind. Diese Lehrstunden werden sicher ihre reichen Früchte tragen, besonders wenn in ihnen alles Moralpredigen klug vermieden wird, das den jungen Menschen nur zum Widerspruch reizt und ihn nach den verbotenen Früchten lüstern macht, und ihm die Sache einfach vom Gesichtspunkte des nüchtern abwägenden Verstandes aus gezeigt wird.

Die Wirkung der medizinischen Aufklärung ist, wenn sie Erfolg hat, die unmittelbarste und augenfälligste. Die körperliche Gesundheit und Wohlfahrt des Volkes ist ja auch die erste und wichtigste Aufgabe der sozialen Fürsorge. Die übrige Aufklärung ist viel schwieriger und ihre Wirkung viel unsicherer, aber sie ist darum doch eine der schönsten und wichtigsten Aufgaben, die der Erziehung der heranwachsenden Jugend gestellt werden können.

Springer Fachmedien Wiesbaden GmbH

Monatshefte für den naturwissenschaftlichen Unterricht aller Schulgattungen
Natur und Schule. Neue Folge.

Herausgegeben von
Dr. Bastian Schmid
in Zwickau i. S.

Jährlich 12 Hefte zu je 48 Druckseiten. Preis halbjährlich ℳ 6.—

Die Monatshefte dienen dem naturwissenschaftlichen Unterricht aller Schulen und wenden ihre Aufmerksamkeit auf alle naturwissenschaftlichen Fächer. Ganz besonders läßt die Zeitschrift es sich angelegen sein, in allen diesen Fächern neben der theoretischen auch die praktische Seite (so namentlich die Schülerübungen auf allen Gebieten sowie die Frage der wissenschaftlichen Ausflüge, Schulgärten, Aquarien, Terrarien usw.) zu pflegen. Die philosophische Zuspitzung unserer Unterrichtsfächer sowie allgemein-pädagogische Fragen des Unterrichts, der Erziehung und der Hygiene finden ebenfalls in den Monatsheften, die der intellektuellen, moralischen und künstlerischen Erziehung unserer Jugend soweit als möglich Rechnung tragen, eine Stätte. Des ferneren sind sie bestrebt, sich unentwegt in den Dienst einer gesunden Reform des naturwissenschaftlichen Unterrichts und der Lehrerbildung zu stellen, um ihrerseits zur Lösung dieser auch in nationaler Hinsicht wichtigen Frage, die der Mitarbeit aller Fachmänner bedarf, beizutragen.

Mathematische Bibliothek
Gemeinverständliche Darstellungen aus der Elementar-Mathematik für Schule und Leben.

Unter Mitwirkung von Fachgenossen herausgegeben von

Dr. W. Lietzmann und **Dr. A. Witting**
Oberlehrer an der Oberrealschule zu Barmen
Professor am Gymnasium zum Heiligen Kreuz zu Dresden

kl. 8. In Heften zu je 64 S. Kart. ca. ℳ —.85

Die Sammlung, die in einzeln käuflichen Heften in zwangloser Folge herausgegeben wird, bezweckt, allen denen, die Interesse an der Mathematik im weitesten Sinne des Wortes haben, es in angenehmer Form zu ermöglichen, sich über das gemeinhin in den Schulen Gebotene hinaus zu belehren und zu unterrichten. Die Bändchen geben also teils eine Vertiefung und eingehendere Bearbeitung solcher elementarer Probleme, die allgemeinere kulturelle Bedeutung oder besonderes mathematisches Gewicht haben, teils sollen sie Dinge behandeln, die den Leser — ohne zu große Anforderungen an seine mathematischen Kenntnisse zu stellen — in neue Gebiete der Mathematik einführen.

Die bis jetzt in Aussicht genommenen Bände verteilen sich auf 4 Gruppen: 1. eine biographisch-historische, 2. eine für Arithmetik, Algebra und Analysis, 3. eine für Geometrie, 4. eine für angewandte Mathematik.

Die Sammlung beginnt im Herbst 1911 zu erscheinen.

Unter der Presse sind:

1. E. Löffler, Ziffern u. Ziffernsysteme bei den wichtigsten Kulturvölkern der Erde.
2. H. Wieleitner, Die Entwicklung des Zahlbegriffes.
3. W. Lietzmann, Der pythagoreische Lehrsatz mit einem Ausblick auf das Fermatsche Problem.
4. O. Meißner, Wahrscheinlichkeitsrechnung.
5. A. Witting, Infinitesimalrechnung.
6. A. Witting und H. Lohmann, Beispiele zur Geschichte der Mathematik.

Weiter sind zunächst in Aussicht genommen:

H. E. Timerding, Die Fallgesetze.
M. Winkelmann, Der Kreisel.
H. Wieleitner, Elementare Mengenlehre.
M. Zacharias, Geometrie der Lage.
H. Wieleitner, Die 7 Rechnungsarten mit allgemeinen Zahlen.
P. Zühlke, Stereometrische Konstruktion.
A. Witting, Abgekürztes Rechnen.
A. Schreiber, Ortsbestimmung auf dem Lande, zur See und in der Luft.
W. Lietzmann, D. Eulersche Polyedersatz.
A. Witting, Graphische Darstellungen.

Springer Fachmedien Wiesbaden GmbH

Dr. Bastian Schmids
Naturwissenschaftliche Schülerbibliothek
8. In Leinwand gebunden.

Diese Sammlung von Bändchen ist nach einheitlichen Gesichtspunkten angelegt und für den Schüler bestimmt. Die einzelnen Bändchen setzen demnach einen regelrechten Unterricht in dem entsprechenden Gebiete, das sie vertreten, voraus und sind dem Verständnis der Schüler verschiedenen Alters angemessen. Sie sind jedoch keine Kopie des Unterrichts, vielmehr behandeln sie die betreffende Materie in anregender Form, und zwar so, daß der Schüler den Stoff selbsttätig erlebt, sei es auf Wanderungen in der engeren oder weiteren Heimat oder zu Hause durch selbständige Beobachtung oder durch ein planmäßig angestelltes Experiment. Ferner suchen sie den Unterricht in Dingen zu ergänzen, die wegen Mangel an Zeit dort wenig Beachtung finden können, die aber manchem Schüler eine willkommene Anregung sein dürften. Aber auch Eltern, Erzieher und gebildete Laien, die an dem geistigen Wachstum der Jugend Interesse nehmen, werden gern zu dem einen oder anderen Bändchen greifen.

Physikalisches Experimentierbuch. Von Prof. Hermann Rebenstorff in Dresden, Kgl. Kadetten-Korps. In 2 Teilen. I. Teil. Anleitung zum Experimentieren für jüngere und mittlere Schüler. Mit 99 Abbildungen. M. 3.—. [II. Teil unter der Presse.]

An der See. Geograph.-geolog. Betrachtungen für mittlere u. reifere Schüler. Von Prof. Dr. P. Dahms in Zoppot. Mit 61 Abbildungen. M. 3.—

Große Physiker. Bilder aus der Geschichte der Astronomie und Physik für reife Schüler. Von Direktor Professor Dr. Hans Keferstein in Hamburg. Mit 12 Bildnissen. M. 3.—

Himmelsbeobachtung mit bloßem Auge. Für reife Schüler. Von Oberlehrer Franz Rusch in Dillenburg (H.-N.). Mit 30 Figuren und einer Sternkarte als Doppeltafel. M. 3.50.

Geologisches Wanderbuch. Für mittlere und reife Schüler. Von Prof. K. G. Volk in Freiburg i. B. In 2 Teilen. I. Teil. Mit 169 Abbildungen und 1 Orientierungstafel. M. 4.—. [II. Teil in Vorbereitung.]

Küstenwanderungen. Biologische Ausflüge für mittlere und reife Schüler. Von Dr. V. Franz in Frankfurt a. M. Mit 92 Figuren. M. 3.—

Anleitung zu photographischen Naturaufnahmen. Für mittlere und reife Schüler. Von Lehrer Georg E. F. Schulz in Friedenau b. Berlin. Mit 41 eigenen photographischen Aufnahmen des Verfassers und einem Vierfarbendruck. M. 3.—

Die Luftschiffahrt. Für reife Schüler. Von Privatdozent Dr. Raimund Nimführ in Wien. Mit 99 Figuren. M. 3.—

Chemisches Experimentierbuch für Knaben. Von Prof. Dr. Karl Scheid in Freiburg i. B. In 2 Teilen. I. Teil. 2. Aufl. Mit 278 Abb. M. 3.20. [II. Teil: Oberstufe. In Vorbereitung.]

Unter der Presse * bzw. in Vorbereitung befinden sich ferner:

Geographisches Wanderbuch. Von Privatdozent Dr. Alfred Berg in Charlottenburg.

*****Vegetationsbilder der Heimat.** Von Professor Dr. Paul Graebner, Kustos am Kgl. Botanischen Garten in Berlin-Groß-Lichterfelde.

Frühlingspflanzen. Von Professor Dr. F. Höck in Perleberg.

Das Leben in Teich und Fluß. Von Professor Dr. Reinhold von Hanstein in Berlin-Groß-Lichterfelde.

Insektenbiologie. Von Oberlehrer Dr. Chr. Schröder in Berlin.

Schmetterlingsbuch. Von Oberstudienrat Dr. L. Lampert, Professor am Kgl. Naturalienkabinett in Stuttgart.

Das Leben unserer Vögel. Von Dr. Johann Thienemann, Kustos am zoologischen Museum der Universität Königsberg und Leiter der Vogelwarte Rossitten.

Aquarium und Terrarium. Von Dr. F. Urban, Prof. a. d. k.k. Staatsrealschule zu Plan.

Das Handwerk. Praktischer Handfertigkeitsunterricht. Von G. Gscheidlen, Prof. am Lessing-Realgymnasium zu Mannheim.

Chemie und Großindustrie. Von Professor Dr. E. Löwenhardt an der Städt. Oberrealschule zu Halle a. S.

Große Chemiker. Von Prof. Dr. O. Ohmann in Berlin.

Meteorologie. Von Gymnasial-Oberlehrer M. Sassenfeld in Emmerich a. Rh.

Körper- und Geistespflege. Von Dr. med. Siebert, prakt. Arzt in München.

Große Ingenieure. Von Privatdozent C. Matschoß in Berlin.

*****Vom Einbaum zum Linienschiff.** Von Ingenieur K. Radunz in Kiel.

Biologisches Experimentierbuch. Von Oberlehrer Dr. C. Schäffer in Hamburg.

Ausführlicher illustrierter Prospekt umsonst u. postfrei vom Verlag

═══ Springer Fachmedien Wiesbaden GmbH ═══

SCHRIFTEN
DES DEUTSCHEN UNTERAUSSCHUSSES DER INTERNATIONALEN MATHEMATISCHEN UNTERRICHTSKOMMISSION

Es handelt sich einerseits darum, das deutsche Publikum durch **geeignete Mitteilungen und Übersetzungen** über den allgemeinen Stand der Arbeiten der Kommission auf dem laufenden zu halten, anderseits aber die verschiedensten Seiten des deutschen mathematischen Unterrichts in ausführlichen Darlegungen zur Geltung zu bringen. Dieser Aufgabe dienen zwei Reihen von Veröffentlichungen:

A. **Berichte und Mitteilungen**, veranlaßt durch die Internationale Mathematische Unterrichts-Kommission. In zwanglosen Heften. gr. 8. Steif geh.

1. Fehr, H., Vorbericht über Organisation und Arbeitsplan der Kommission. Deutsche Übersetzung von W. Lietzmann. (S. 1—10.) 1909. M. —.30.
2. Noodt, G., Über die Stellung der Mathematik im Lehrplan der höheren Mädchenschule vor und nach der Neuordnung des höheren Mädchenschulwesens in Preußen. (S. 11—32.) 1909. M. —.80.
3. Klein, F., und Fehr, H., Erstes Rundschreiben des Hauptausschusses. Deutsch bearbeitet von W. Lietzmann. (S. 33—38.) 1909. M. —.20.
4. Klein, F., und Fehr, H., Zweites Rundschreiben des Hauptausschusses. Deutsch bearbeitet von W. Lietzmann, sowie Zühlke, P., Mathematiker und Zeichenlehrer im Linearzeichenunterricht der preußischen Realschulen. (S. 39 bis 54.) 1910. M. —.50.
5. Lietzmann, W., Die Versammlung in Brüssel. Nach dem von H. Fehr verfaßten dritten Rundschreiben des Hauptausschusses. (S. 55—74.) 1911. M. —.60.
6. Fehr, H., Viertes Rundschreiben des Hauptausschusses. Deutsch bearbeitet von W. Lietzmann. (S. 75—88.) 1911. M. —.50.

B. **Abhandlungen über den mathematischen Unterricht in Deutschland**, veranlaßt durch die Internationale Mathematische Unterrichts-Kommission. Herausgegeben von F. Klein. 5 Bände, in einzeln käuflichen Heften. gr. 8. Steif geh.

I. Band. **Die höheren Schulen in Norddeutschland.** Mit einem Einführungswort von F. Klein.

1. Lietzmann, W., Stoff und Methode im mathematischen Unterricht der norddeutschen höheren Schulen. Auf Grund der vorhandenen Lehrbücher. (XII u. 102 S.) 1909. M. 2.—
2. Lietzmann, W., Die Organisation des mathematischen Unterrichts an den höheren Knabenschulen in Preußen. Mit 18 Figuren. (VIII u. 204 S.) 1910. M. 5.—
3. Lorey, W., Staatsprüfung und praktische Ausbildung der Mathematiker an den höheren Schulen in Preußen und in einigen norddeutschen Staaten. (VI u. 118 S.) 1911. M. 3.20.
4. Thaer, A., Geuther, N., Böttger, A., Der mathematische Unterricht an den Gymnasien und Realanstalten der Hansestädte, Mecklenburgs und Oldenburgs. (VI u. 93 S.) 1911. M. 2.—

In einem fünften Heft soll die neuere Entwicklung des höheren Mädchenschulwesens in Norddeutschland behandelt werden.

II. Band. **Die höheren Schulen in Süd- und Mitteldeutschland.** Mit einem Einführungswort von P. Treutlein.

1. Wieleitner, H., Der mathematische Unterricht an den höheren Lehranstalten, sowie Ausbildung und Fortbildung der Lehrkräfte im Königreich Bayern. (XIV u. 85 S.) 1910. M. 2.40.
2. Witting, A., Der mathematische Unterricht an den Gymnasien und Realanstalten nach Organisation, Lehrstoff und Lehrverfahren und die Ausbildung der Lehramtskandidaten im Königreich Sachsen. (XII u. 78 S.) 1910. M. 2.20.

MIX
Papier aus verantwortungsvollen Quellen
Paper from responsible sources
FSC® C105338

If you have any concerns about our products,
you can contact us on
ProductSafety@springernature.com

In case Publisher is established outside the EU,
the EU authorized representative is:
**Springer Nature Customer Service Center GmbH
Europaplatz 3, 69115 Heidelberg, Germany**

Printed by Libri Plureos GmbH
in Hamburg, Germany